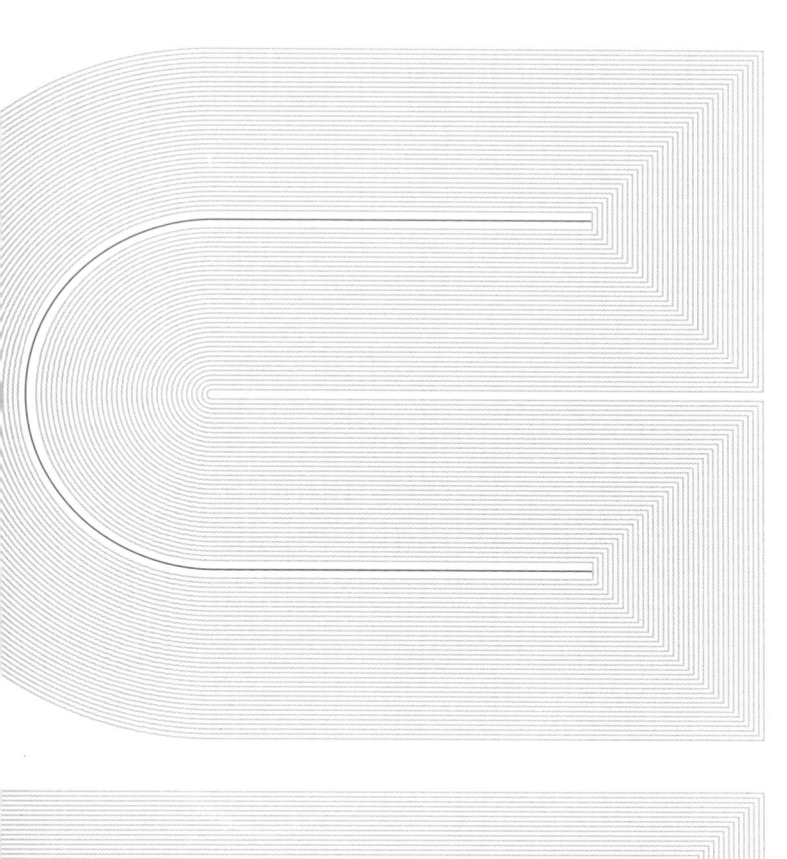

新

印

象

中文版

Sketch图标与UI
界面设计实例教程

陈晓历——编著

U0338774

人民邮电出版社

北 京

图书在版编目（ＣＩＰ）数据

新印象：中文版Sketch图标与UI界面设计实例教程 / 陈晓历编著. -- 北京：人民邮电出版社，2020.7
ISBN 978-7-115-52222-1

Ⅰ．①新… Ⅱ．①陈… Ⅲ．①人机界面－程序设计－教材 Ⅳ．①TP311.1

中国版本图书馆CIP数据核字(2019)第248079号

内 容 提 要

这是一本讲解 Sketch 图标与 UI 界面设计的实例教程。全书根据日常生活中移动 App 界面的常见功能，分类讲解 UI 图标与界面设计的技巧与方法。

全书共 6 章，以案例的形式分别讲解了图标设计、引导页设计、主页设计、图表页设计、个人中心页设计及登录页设计。针对图标的设计，分为线性图标、扁平图标和拟物图标的绘制；针对界面的设计，分为插画类型的引导页、不同功能的主页、色感强烈的图表页、不同形式的个人中心页及不同风格的登录页的制作。本书实战案例均配有拓展练习，同时提供了案例设计源文件及一套独立视频课程，目的是帮助 UI 设计学习者了解和掌握 UI 设计的规范、配色思路及具体的设计方法，同时使有一定 UI 设计经验的人得到提升。

本书适合 UI 设计初学者、有一定设计经验的 UI 设计师和交互设计师阅读。

◆ 编　　著　陈晓历
　　责任编辑　张丹阳
　　责任印制　马振武

◆ 人民邮电出版社出版发行　　北京市丰台区成寿寺路 11 号
　　邮编　100164　电子邮件　315@ptpress.com.cn
　　网址　https://www.ptpress.com.cn
　　北京东方宝隆印刷有限公司印刷

◆ 开本：690×970　1/16
　　印张：11.5　　　　　　　　彩插：4
　　字数：380 千字　　　　　　2020 年 7 月第 1 版
　　印数：1 - 3 000 册　　　　2020 年 7 月北京第 1 次印刷

定价：59.00 元

读者服务热线：(010)81055410　印装质量热线：(010)81055316
反盗版热线：(010)81055315
广告经营许可证：京东工商广登字 20170147 号

实战：绘制一套日记 App 的线性图标

绘制"私信"图标

绘制"心"图标

绘制"点赞"图标

绘制"手机"图标

绘制"定位"图标

绘制"个人"图标

绘制"图片"图标

绘制"放大镜"图标

绘制"相机"图标

绘制"支付"图标

绘制"购物车"图标

绘制"天气"图标

绘制"分享"图标

绘制"闹钟"图标

绘制"删除"图标

绘制"锁"图标

绘制"对话"图标

绘制"Wi-Fi"图标

绘制"设置"图标

绘制"包"图标

实战：绘制一套社交 App 扁平图标

绘制"相机"图标

绘制"旋转"图标

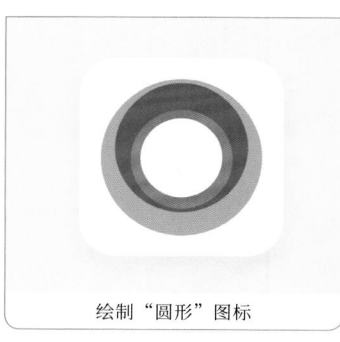

绘制"圆形"图标

绘制"聊天"图标

绘制"闪电"图标

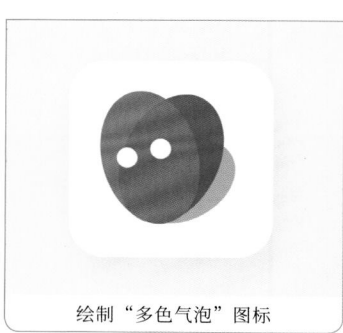

绘制"多色气泡"图标

实战：绘制一套工具类型的拟物图标

绘制"钟表盘"图标

绘制"按钮"图标

绘制"渐变色开关"图标

绘制"相机"图标

实战："心沟通"引导页
的制作

实战："爱护鲸鱼"引导
页的制作

实战："海上日出"引导
页的制作

实战："萌胖减重"引导
页的制作

实战：相机主页的制作

实战：酷炫音乐播放器主
页的制作

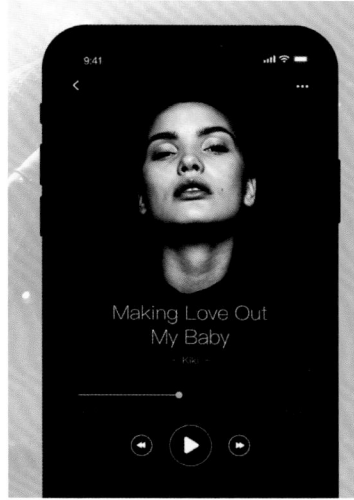

实战：音乐播放器主页的制作

实战：微故事主页的制作

实战：推荐文章主页的制作

实战：直播 App 主页的制作

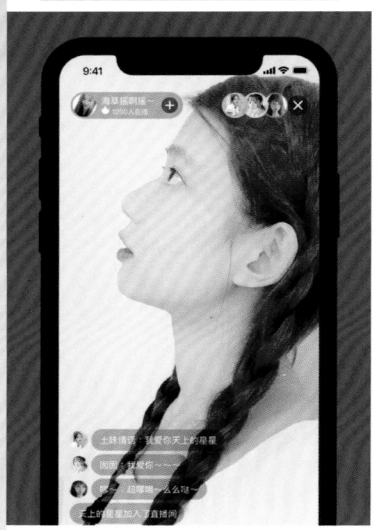

实战：简约水波图表页的制作

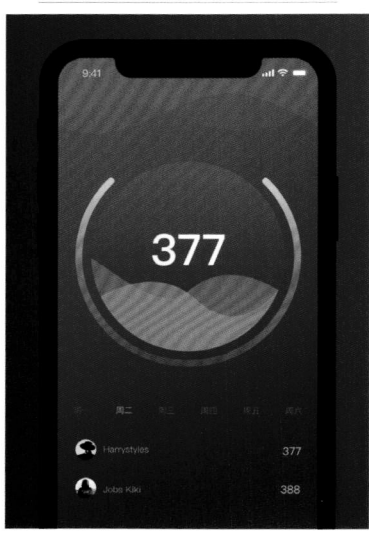

实战：渐变互动指数图表页的制作

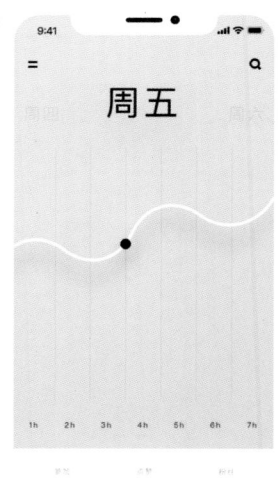

实战：渐变活力评分图表页的制作

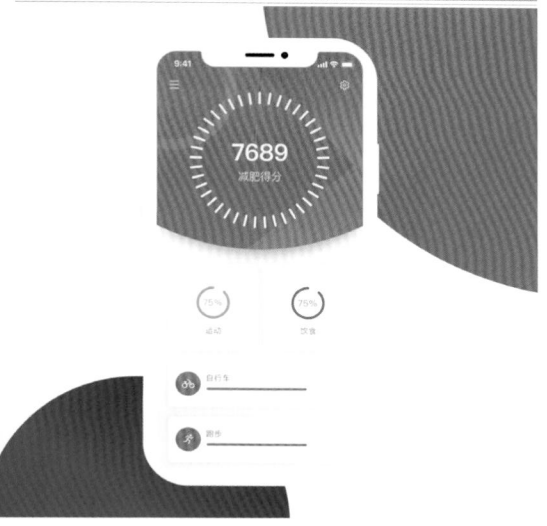

实战：渐变业绩图表页的制作

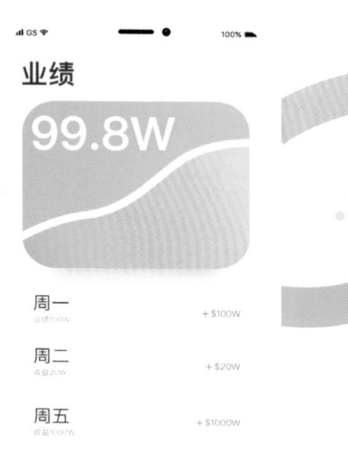

实战：居中形式的个人中心页制作

实战：侧边形式的个人中心页制作

实战：斜边形式的个人中心页制作

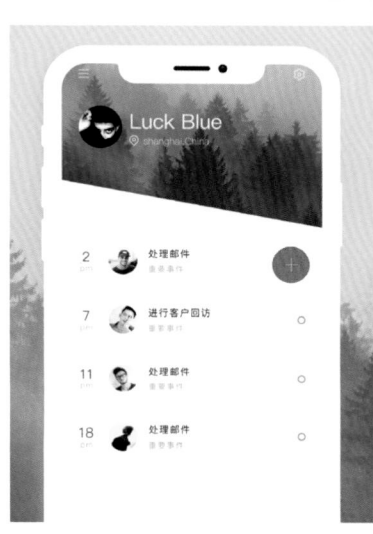

精彩案例展示

实战：中心展示类的个人中心页制作

实战：时尚不规则卡片登录页的制作

实战：极简风格登录页的制作

实战：透气建筑风格登录页的制作

实战：渐变小弹框登录页的制作

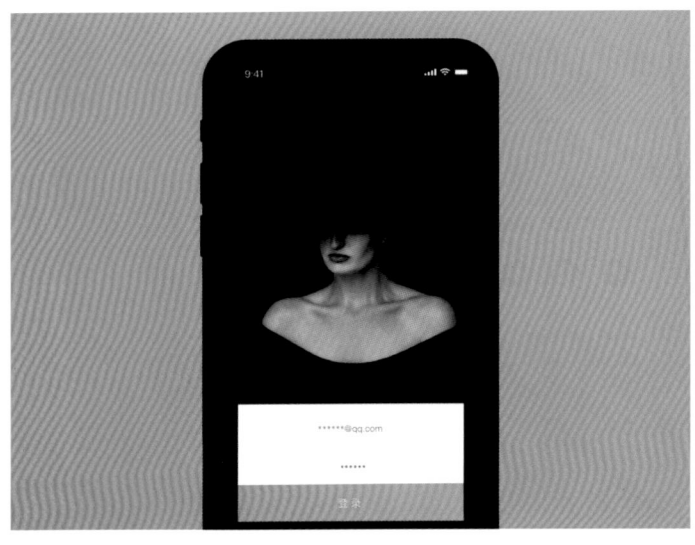

推荐

排名不分先后

Sketch 是广受追捧的 UI 设计工具，一直没有全面、系统的教程，晓历的这本书通过大量的实战案例，辅以大量的操作细节演示，帮助读者快速学习并掌握 UI 设计的方法与技巧。无论是对于 UI 设计初学者，还是对有一定设计经验的 UI 设计师，本书都值得一看。

优设网主编 程远

在我看来，通过实际案例操作学习设计技能是一种快捷又有效的学习手段。Sketch 作为一款轻量并实用的 UI 设计工具，已经广泛运用于 UI 设计师的工作，而且目前不少公司在招聘 UI 设计师时，越来越多地将 Sketch 软件操作作为一项工作技能的考核内容。本书案例系统、翔实，运用的技法都是常见并实用的，对想要入门学习的读者来说是不可多得的案头书。

站酷推荐设计师 /《网页设计那些事儿》作者 王晖

Sketch 作为一款精准直击移动界面设计的设计软件，具有轻量便捷、出图效率高的特点。作者在本书中分享了她在工作中对同一案例的不同攻关方法，并且对设计思路与规范等内容进行了详细的分析与讲解，步骤操作全面、细致，内容浅显易懂。本书对入门学习者和初级 UI 设计师来说是易学并实用的好书。

《大话设计师》作者 影天酱

具备轻量化且高效特点的 Sketch 软件对于常年从事 UI 设计的设计师来说，可谓一大福音。本书主要以实战展开讲解，内容全面、通俗易懂，无论是 UI 设计初学者，还是有一定设计经验的 UI 设计师，通过学习都能快速上手。

百度前 UI 设计师 王东

推荐

排名不分先后

　　我与晓历相识于站酷，经常一起探讨关于设计、教育和创业的看法，她是一个集才华、美貌于一身的设计师，每次与她畅谈，我都受益匪浅。她有强大的执行力，总能出色完成工作。这是晓历用心编写的第一本教程书，书中囊括了常用的 UI 设计思维方法和实战技巧，希望这本书能帮助 UI 设计初学者和想要在 UI 设计上得到进一步提升的 UI 设计师。

深圳市知行一信息技术有限公司联合创始人　袁宗保

　　我与晓历认识很久了，她是我非常欣赏的 UI 设计师之一，设计风格多变且效果丰富，用色大胆。本书是晓历用心编写的第一本教程书，书中囊括了常用的 UI 设计思维方法和实战技巧，讲解上通俗易懂，配图清晰实用，可以帮你快速提升 UI 设计实践能力，并尽快成为一名合格的UI 设计师。

UI 中国 / 站酷百万人气设计师 / 百度设计师 LEO　黄俊杰

　　我与作者一直是朋友，但从没想到她"偷偷"编写了这本书。本书面向 UI 设计零基础的读者和有 1~3 年工作经验的 UI 设计师，系统讲解了 UI 设计的技巧与方法，通过使用 Sketch 绘制图标和界面，让读者清晰地感受到 Sketch 软件功能的强大及其便利性，并快速上手。强烈推荐！

菜园子创始人 / 述信科技 CEO/ 蜻蜓 FM/ 万达网科产品总经理 /
微软互联网研究院资深产品经理 /SAP 中国研究院产品负责人　生菜

前言

　　不知不觉，我从事 UI 设计工作已七年有余，作为 UI 设计师，积累了不少 UI 设计的经验与方法。我要感谢人民邮电出版社数字艺术分社，让我通过图书的方式将自己的设计经验分享给读者。

　　UI 设计初学者经常对 UI 设计工具的选择和 UI 设计的色感把控感到困惑，如是否应该放弃偏沉重的 Photoshop 工具，改用 Sketch 进行 UI 设计；又如为什么别人的界面色感把控那么好，而自己很难做出那样的效果。其实 Sketch 很早就已经被使用了，由于该软件只能在 Mac OS 系统使用，因此普及面有限。但无论如何，Sketch 软件的轻量化优势及其为 UI 设计师工作带来很大便利的价值是不可否认的。

　　本书内容均采用 Sketch 49 for Mac 编写，是一本 Sketch 图标与界面设计实例的教程。在本书中，我罗列了诸多不同类型的商业实战项目，从易到难、由浅入深地讲解 UI 界面设计的技巧与方法，帮助读者充分了解 Sketch 这款软件。不过，作为一个常年奔波在行业前线的 UI 设计师，我想提醒读者，一个好的设计师不仅要熟练掌握软件操作，还需要对设计思路和设计方法有比较好的提炼。设计工具越来越普及、UI 设计师竞争越来越激烈，广大设计师在面对设计工作中的难关且想要得到突破时，应该思考如何使自己的设计思维得到提升，让自己的设计变得与众不同。做设计就是做产品，本书以产品思维为核心，分别从工具认识、设计方法和思维拓展这 3 个方面讲解 UI 设计，不仅告诉读者如何做，还让读者知道为什么这样做，使读者通过学习，改善自身的工作方式，开拓设计思维，成为一名更好的 UI 设计师。

　　由于编写时间有限，书中难免有疏漏和不足之处，请广大读者海涵并指正。

陈晓历
2020 年 4 月

资源与支持

本书由"数艺设"出品，"数艺设"社区平台（www.shuyishe.com）为您提供后续服务。

◎ **学习资源**

案例的设计源文件
一套独立视频课程

资源获取请扫码

"数艺设"社区平台，为艺术设计从业者提供专业的教育产品。

◎ **与我们联系**

我们的联系邮箱是 szys@ptpress.com.cn。如果您对本书有任何疑问或建议，请您发邮件给我们，并请在邮件标题中注明本书书名及 ISBN，以便我们更高效地做出反馈。

如果您有兴趣出版图书、录制教学课程，或者参与技术审校等工作，可以发邮件给我们；有意出版图书的作者也可以到"数艺设"社区平台在线投稿（直接访问 www.shuyishe.com 即可）。如果学校、培训机构或企业想批量购买本书或"数艺设"出版的其他图书，也可以发邮件联系我们。

如果您在网上发现有针对"数艺设"出品图书的各种形式的盗版行为，包括对图书全部或部分内容的非授权传播，请您将怀疑有侵权行为的链接通过邮件发给我们。您的这一举动是对作者权益的保护，也是我们持续为您提供有价值的内容的动力之源。

◎ **关于"数艺设"**

人民邮电出版社有限公司旗下品牌"数艺设"，专注于专业艺术设计类图书出版，为艺术设计从业者提供专业的图书、U 书、课程等教育产品。出版领域涉及平面、三维、影视、摄影与后期等数字艺术门类，字体设计、品牌设计、色彩设计等设计理论与应用门类，UI 设计、电商设计、新媒体设计、游戏设计、交互设计、原型设计等互联网设计门类，环艺设计手绘、插画设计手绘、工业设计手绘等设计手绘门类。更多服务请访问"数艺设"社区平台 www.shuyishe.com。我们将提供及时、准确、专业的学习服务。

目录

第 1 章　图标设计　017

1.1　实战：绘制一套日记 App 的线性图标　018

1.1.1　绘制"私信"图标　018
1.1.2　绘制"定位"图标　020
1.1.3　绘制"相机"图标　020
1.1.4　绘制"分享"图标　022
1.1.5　绘制"对话"图标　023
1.1.6　绘制"心"图标　024
1.1.7　绘制"个人"图标　026
1.1.8　绘制"支付"图标　026
1.1.9　绘制"闹钟"图标　027
1.1.10　绘制"Wi-Fi"图标　028
1.1.11　绘制"点赞"图标　029
1.1.12　绘制"图片"图标　031
1.1.13　绘制"购物车"图标　032
1.1.14　绘制"删除"图标　033
1.1.15　绘制"设置"图标　035
1.1.16　绘制"手机"图标　036
1.1.17　绘制"放大镜"图标　037
1.1.18　绘制"天气"图标　038
1.1.19　绘制"锁"图标　039
1.1.20　绘制"包"图标　040
拓展练习：绘制一套线性图标　041

1.2　实战：绘制一套社交 App 的扁平图标　042

1.2.1　绘制"相机"图标　042
1.2.2　绘制"旋转"图标　045
1.2.3　绘制"圆形"图标　047
1.2.4　绘制"聊天"图标　048
1.2.5　绘制"闪电"图标　049
1.2.6　绘制"多色气泡"图标　050
拓展练习：绘制一个扁平化图标　052

1.3　实战：绘制一套工具类型的拟物图标　053

1.3.1　绘制"钟表盘"图标　054
1.3.2　绘制"按钮"图标　058
1.3.3　绘制"渐变色开关"图标　062
1.3.4　绘制"相机"图标　067
拓展练习：绘制一个拟物图标　078

第 2 章　引导页设计　079

2.1　实战："心沟通"引导页的制作　080

2.1.1　绘制背景　080
2.1.2　绘制图形装饰背景　080
2.1.3　绘制心形图案　081
2.1.4　添加文字　082
2.1.5　绘制翻页元素　082
2.1.6　制作立体效果　083
拓展练习：绘制一个以实物图为背景的引导页　083

2.2　实战："爱护鲸鱼"引导页的制作　084

2.2.1　绘制背景　084
2.2.2　绘制鲸鱼　087
2.2.3　绘制桥头　089
2.2.4　绘制小女孩　091
2.2.5　添加倒影　092
2.2.6　添加文字和斜线　093
2.2.7　制作立体效果　093
拓展练习：绘制一个"鲸鱼"主题的引导页　093

2.3　实战："海上日出"引导页的制作　094

2.3.1　绘制波浪　094
2.3.2　绘制太阳　098
2.3.3　绘制浪花　099

目录

2.3.4 添加文字　　　　　　　　　　　　100
2.3.5 制作立体效果　　　　　　　　　　100
拓展练习：绘制一个与案例同类型的引导页　　100

2.4 实战："萌胖减重"引导页的制作　101
2.4.1 绘制海浪　　　　　　　　　　　　101
2.4.2 绘制救生圈　　　　　　　　　　　103
2.4.3 绘制卡通人物　　　　　　　　　　104
2.4.4 添加小黄鸭　　　　　　　　　　　106
2.4.5 添加文本　　　　　　　　　　　　107
2.4.6 制作立体效果　　　　　　　　　　108
拓展练习：绘制一个"中秋赏月"主题的引导页　108

第 3 章　主页设计　　　　　　　　109

3.1 实战：相机主页的制作　　　　110
3.1.1 绘制背景　　　　　　　　　　　　110
3.1.2 绘制操作栏图标　　　　　　　　　111
3.1.3 制作立体效果　　　　　　　　　　112
拓展练习：绘制一个黑色效果的相机主页　　112

3.2 实战：酷炫音乐播放器主页的制作　113
3.2.1 绘制背景　　　　　　　　　　　　113
3.2.2 编辑图片　　　　　　　　　　　　113
3.2.3 绘制状态栏和操作栏的图标　　　　114
3.2.4 绘制播放器　　　　　　　　　　　115
3.2.5 制作立体效果　　　　　　　　　　117
拓展练习：绘制一个紫色炫酷类型的播放器主页　117

3.3 实战：音乐播放器主页的制作　118
3.3.1 绘制背景　　　　　　　　　　　　118
3.3.2 编辑图片　　　　　　　　　　　　118
3.3.3 绘制顶部操作栏　　　　　　　　　119

3.3.4 绘制播放器　　　　　　　　　　　120
3.3.5 制作立体效果　　　　　　　　　　121
拓展练习：绘制一个极简风格的播放器主页　121

3.4 实战：微故事主页的制作　　122
3.4.1 绘制背景　　　　　　　　　　　　122
3.4.2 绘制标题　　　　　　　　　　　　122
3.4.3 绘制卡片　　　　　　　　　　　　123
3.4.4 制作立体效果　　　　　　　　　　124
拓展练习：绘制一个卡片类型的电影 App 主页　124

3.5 实战：推荐文章主页的制作　　125
3.5.1 绘制背景　　　　　　　　　　　　125
3.5.2 绘制页边　　　　　　　　　　　　125
3.5.3 绘制状态栏　　　　　　　　　　　126
3.5.4 绘制底部操作栏　　　　　　　　　126
3.5.5 添加正文　　　　　　　　　　　　126
3.5.6 制作立体效果　　　　　　　　　　128
拓展练习：绘制一个图文混排的好文章分享 App 主页 128

3.6 实战：直播 App 主页的制作　　129
3.6.1 绘制背景　　　　　　　　　　　　129
3.6.2 绘制操作栏图标　　　　　　　　　129
3.6.3 制作立体效果　　　　　　　　　　132
拓展练习：绘制一个渐变效果的视频剪辑 App 主页 132

第 4 章　图表页设计　　　　　　133

4.1 实战：简约水波图表页的制作　134
4.1.1 绘制背景　　　　　　　　　　　　134
4.1.2 绘制顶部水纹　　　　　　　　　　134
4.1.3 绘制定界框并放入图标　　　　　　136
4.1.4 绘制圆圈部分图标　　　　　　　　136
4.1.5 添加文本　　　　　　　　　　　　138

目录

4.1.6 绘制底部列表   139

4.1.7 完善细节   140

4.1.8 制作立体效果   141

拓展练习：绘制一个渐变发光效果的数据图表页   141

4.2 实战：渐变互动指数图表页的制作   142

4.2.1 绘制背景   142

4.2.2 绘制定界框   143

4.2.3 添加文本   143

4.2.4 绘制指数图部分   144

4.2.5 制作立体效果   145

拓展练习：绘制一个蓝紫色的图表页   145

4.3 实战：渐变活力评分图表页的制作   146

4.3.1 绘制背景   146

4.3.2 绘制操作栏   148

4.3.3 绘制圆环部分   148

4.3.4 绘制卡片部分   149

4.3.5 制作立体效果   153

拓展练习：绘制一个极简风格的图表页   153

4.4 实战：渐变业绩图表页的制作   154

4.4.1 绘制背景   154

4.4.2 绘制状态栏   154

4.4.3 绘制卡片部分   155

4.4.4 绘制列表   156

4.4.5 制作立体效果   158

拓展练习：绘制一个卡片样式的图表页   158

第 5 章 个人中心页设计   159

5.1 实战：居中形式的个人中心页制作   160

5.1.1 绘制背景   160

5.1.2 绘制定界框   160

5.1.3 绘制用户信息   161

5.1.4 添加图标   162

5.1.5 添加数据信息   162

5.1.6 添加底部图片   163

5.1.7 制作立体效果   164

拓展练习：绘制一个居中形式的个人中心页   164

5.2 实战：侧边形式的个人中心页制作   165

5.2.1 绘制背景   165

5.2.2 绘制定界框   165

5.2.3 添加用户头像   166

5.2.4 添加文本   166

5.2.5 制作立体效果   167

拓展练习：绘制一个侧边栏样式的个人中心页   167

5.3 实战：斜边形式的个人中心页制作   168

5.3.1 绘制背景   168

5.3.2 绘制定界框   169

5.3.3 绘制图标   170

5.3.4 添加用户信息   170

5.3.5 绘制列表   171

5.3.6 添加按钮   172

5.3.7 制作立体效果   173

拓展练习：绘制一个左对齐形式的个人中心页   173

5.4 实战：中心展示类的个人中心页制作   174

5.4.1 制作用户信息   174

5.4.2 制作列表信息   175

5.4.3 绘制"提示"按钮   175

5.4.4 绘制"关闭"按钮   176

5.4.5 制作立体效果   176

拓展练习：绘制一个中心展示形式的个人中心页   176

目录

第 6 章 登录页设计   177

6.1 实战：时尚不规则卡片登录页的制作   178
6.1.1 绘制背景   178
6.1.2 绘制卡片   179
6.1.3 绘制定界框   179
6.1.4 添加登录信息   180
6.1.5 添加细节   180
6.1.6 制作立体效果   181
拓展练习：绘制一个极简登录页   181

6.2 实战：极简风格登录页的制作   182
6.2.1 绘制背景   182
6.2.2 添加导航栏信息   182
6.2.3 绘制头像   183
6.2.4 绘制"相机"图标   183
6.2.5 绘制列表   184
6.2.6 绘制按钮   184
6.2.7 制作立体效果   185
拓展练习：绘制一个极简风格的卡片登录页   185

6.3 实战：透气建筑风格登录页的制作   186
6.3.1 绘制背景   186
6.3.2 绘制定界框   188
6.3.3 添加装饰色块   188
6.3.4 添加登录信息   188
6.3.5 添加按钮   188
6.3.6 制作立体效果   189
拓展练习：绘制一个建筑风格的登录页   189

6.4 实战：渐变小弹框登录页的制作   190
6.4.1 绘制背景   190
6.4.2 绘制卡片   190
6.4.3 添加文本   191
6.4.4 制作立体效果   192
拓展练习：绘制一个卡片类型的登录页   192

第

1

章

图标设计

随着互联网技术的发展，人们
对产品用户体验设计的要求越来越
高。无论是 App 界面设计，还是
Web 界面设计，单靠文字已经无法
明确传达信息，而通过图标等元素，
可以更高效地向用户传递交互体验
信息，达到提升用户体验的目的。

1.1 实战：绘制一套日记 App 的线性图标

本案例是日记 App 功能图标的设计项目。该项目的用户群体是大学生和工作 1~3 年的上班族。为了使产品更贴合用户的喜好，设计中运用了比较可爱的圆角矩形元素。该项目中的所有图形的描边"位置"统一为"居中"样式，这样设置是为了避免在裁剪边线时，边线的端点不够圆滑。绘制的图标整体效果如图 1-1 所示。

图 1-1

1.1.1 绘制"私信"图标

"私信"图标的绘制流程和完成效果如图 1-2 所示。

图 1-2

<u>01</u> 绘制背景底板。新建一个 592px×456px 的画布,为画布填充深紫色(R:146,G:52,B:239)至浅紫色(R:199,G:31,B:255)的渐变效果。使用"圆角矩形"工具▣ 在画布中绘制 20 个边长为 48px 的正方形,然后设置"描边"为深紫色(R:122,G:4,B:211)。选中所有正方形,然后单击"描边"选项栏中的"设置"按钮,设置"端点"和"转折点"为圆滑效果,将它们一一排列整齐,如图 1-3 和图 1-4 所示。

<u>02</u> 使用"圆角矩形"工具▣ 在画布中绘制一个圆角"半径"为 12px 的矩形,然后设置"颜色"为白色(R:255,G:255,B:255),"位置"为居中,"粗细"为 2px,使用"左右居中对齐"工具 将其对齐到正方形底框,如图 1-5 和图 1-6 所示。

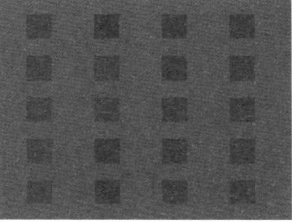

图 1-3   图 1-4   图 1-5   图 1-6

<u>03</u> 绘制一个圆角"半径"为 4px 的矩形,然后选中该矩形,按住 Shift 键,使用"旋转"工具 将其旋转为图 1-7 所示的效果。

<u>04</u> 双击圆角矩形,使其呈编辑状态,然后按住 Shift 键,在圆角矩形下方两条边的 1/2、1/4、1/8 和 1/16 处分别添加一个锚点,如图 1-8 所示。

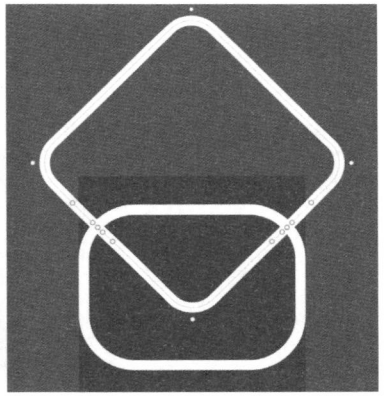

图 1-7   图 1-8

<u>05</u> 选择"剪刀"工具 ,将鼠标光标移至需要裁剪的边线上方,待边线进入虚线状态,单击鼠标裁剪不需要的线条。按照同样的方法裁剪其他不想要的边线,如图 1-9 所示,绘制好的图标效果如图 1-10 所示。

图 1-9   图 1-10

1.1.2 绘制"定位"图标

"定位"图标的绘制流程和完成效果如图 1-11 所示。

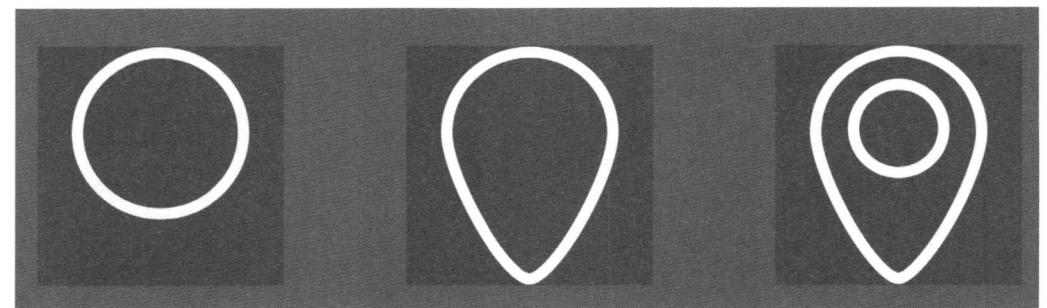

图 1-11

01 使用"椭圆形"工具●在画布中绘制一个圆形，然后使用"左右居中对齐"工具 ⇔ 将其对齐到正方形底框，如图 1-12 所示。

02 双击上一步绘制好的圆形，使其呈编辑状态。选中圆形最下方的锚点，然后往下拖动，将圆形调整为图 1-13 所示的效果。

03 绘制一个较小的圆形，然后使用"左右居中对齐"工具 ⇔ 将其对齐到正方形底框，绘制好的图标效果如图 1-14 所示。

图 1-12

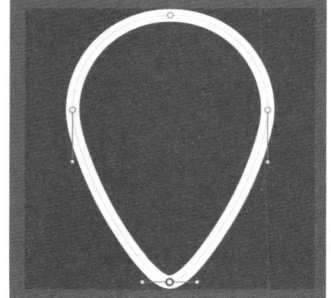

图 1-13

图 1-14

1.1.3 绘制"相机"图标

"相机"图标的绘制流程和完成效果如图 1-15 所示。

图 1-15

01 在画布中绘制一个圆角"半径"为 12 px 的矩形，然后使用"左右居中对齐"工具 ✦ 将其对齐到正方形底框，如图 1-16 所示。

02 绘制一个较小的圆角矩形，然后双击该矩形，使其呈编辑状态。选中矩形上方的两个锚点，然后适当拖动，使矩形上方的边线向内收缩一些，如图 1-17 所示。

03 选中这两个图形，然后单击"合并形状"按钮 ▣，将图形进行合并，如图 1-18 所示。

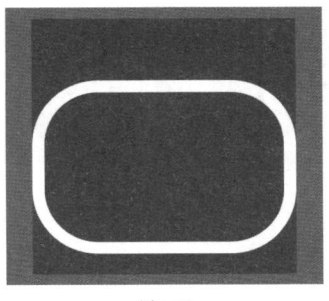

图 1-16

图 1-17

图 1-18

04 在画布中绘制一个较小的圆形，然后使用"左右居中对齐"工具 ✦ 将其对齐到正方形底框，调整到上一步处理好的图形内部的合适位置，如图 1-19 所示。

05 在画布中绘制一个更小的圆形，然后将其移至绘制好的圆形的内部位置，并居中对齐。双击该圆形，使其呈编辑状态，然后选择"剪刀"工具 ✄，将鼠标光标移至想要裁剪的边线上方，待边线进入虚线状态，使用"剪刀"工具 ✄ 将多余的边线裁剪，如图 1-20 和图 1-21 所示。

图 1-19

图 1-20

图 1-21

06 使用"钢笔"工具 ✎ 在画布中绘制一条线段。针对所有线条，单击"描边"选项栏中的"设置"按钮，在弹出的快捷菜单中分别设置"端点"和"转折点"为圆滑效果，如图 1-22 所示。

图 1-22

1.1.4 绘制"分享"图标

"分享"图标的绘制流程和完成效果如图1-23所示。

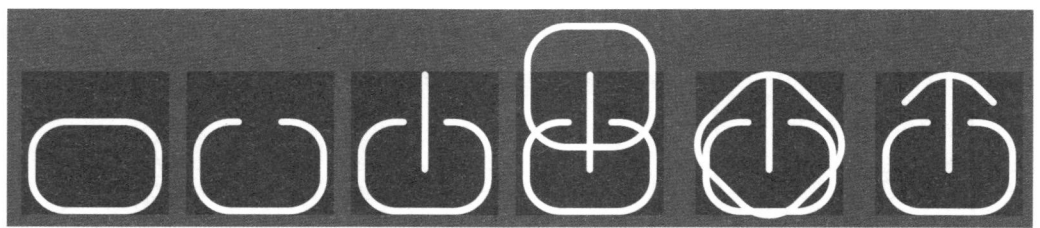

图 1-23

01 使用"圆角矩形"工具■在画布中绘制一个圆角矩形，然后使用"左右居中对齐"工具➡将其对齐到正方形底框，如图1-24所示。

02 双击上一步绘制好的圆角矩形，使其呈编辑状态，然后按住Shift键，在该矩形顶部边线的1/2处添加一个锚点。继续按住Shift键，在矩形顶部的边1/4处添加一个锚点。选择"剪刀"工具✂，将鼠标光标移至想要裁剪的边线上方，待边线呈虚线状态，单击鼠标将不需要的边线裁剪。针对所有线条，单击"描边"选项栏中的"设置"按钮，在弹出的快捷菜单中分别选中"端点"和"转折点"的中间按钮，使线条的转折点变圆滑，如图1-25和图1-26所示。

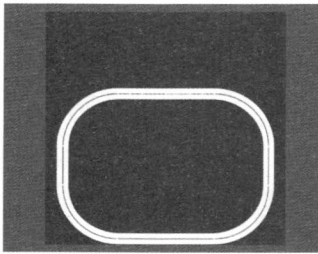

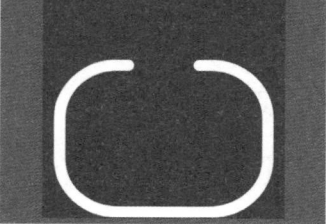

图 1-24   图 1-25   图 1-26

03 按住Shift键，使用"钢笔"工具✒在画布中绘制一条竖线，如图1-27所示。将工具切换为"圆角矩形"工具■，按快捷键Shift+Alt绘制一个圆角矩形，使用"左右居中对齐"工具➡将其对齐到正方形底框，如图1-28所示。

04 选中上一步绘制好的圆角矩形，然后按住Shift键，使用"旋转"工具↻将图形旋转为图1-29所示的效果。

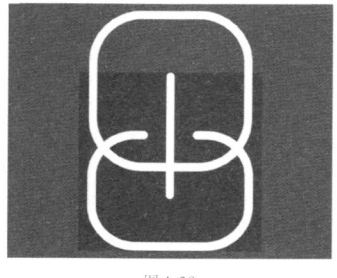

图 1-27   图 1-28   图 1-29

05 按住 Shift 键，在上一步绘制好的圆角矩形左右两边边线的 1/2 处各添加一个锚点，然后按住 Shift 键，在左右两边的边线 1/4 处再各添加一个锚点。选择"剪刀"工具 ，将鼠标光标移至想要裁剪的边线上方，待边线呈虚线状态，单击鼠标，完成裁剪处理，如图 1-30 和图 1-31 所示。

图 1-30

图 1-31

06 针对所有线条，单击"描边"选项栏中的"设置"按钮，设置"端点"和"转折点"为圆滑效果，如图 1-32 所示，最终绘制效果如图 1-33 所示。

图 1-32

图 1-33

1.1.5 绘制"对话"图标

"对话"图标的绘制流程和完成效果如图 1-34 所示。

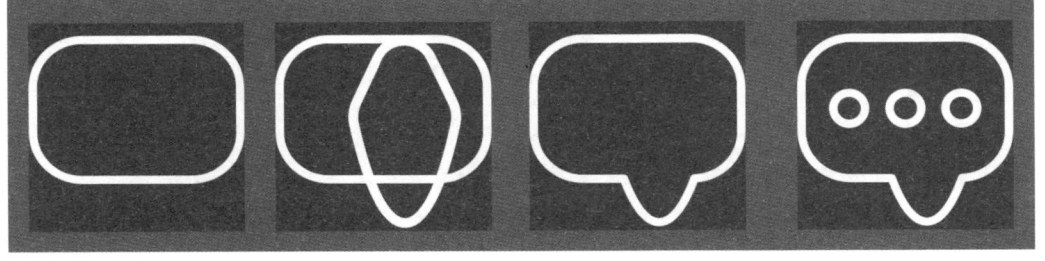

图 1-34

01 在画布中绘制一个圆角"半径"为 12px 的矩形，然后使用"左右居中对齐"工具 ➡ 将其对齐到正方形底框，如图 1-35 所示。

02 在画布中绘制一个圆角"半径"为 4px 的矩形。选中圆角矩形，按住 Shift 键，使用"旋转"工具 将该矩形进行适当旋转。双击圆角矩形，使其呈编辑状态，分别调整矩形左右两边的锚点，使其向中间等距离靠拢，直至达到令人满意的效果，如图 1-36 所示。

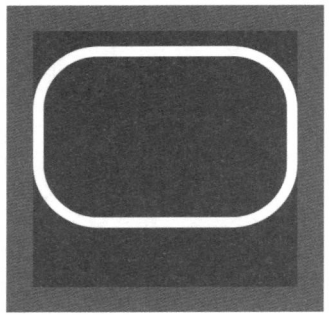

图 1-35

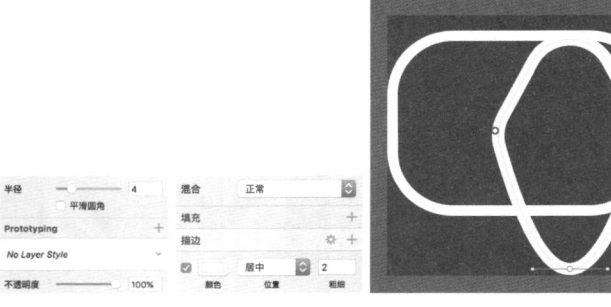

图 1-36

03 选中画布中的两个图形，单击"合并形状"按钮 ，将这两个图形进行合并，得到图 1-37 所示的图形效果。

04 绘制一个圆形，然后按快捷键 Shift+ Alt 将圆形平行复制两个。将所有圆形选中，按快捷键 Command+G 编组，最后使用"左右居中对齐"工具 ➡ 将其对齐到正方形底框，如图 1-38 所示。

图 1-37

图 1-38

1.1.6 绘制"心"图标

"心"图标的绘制流程和完成效果如图 1-39 所示。

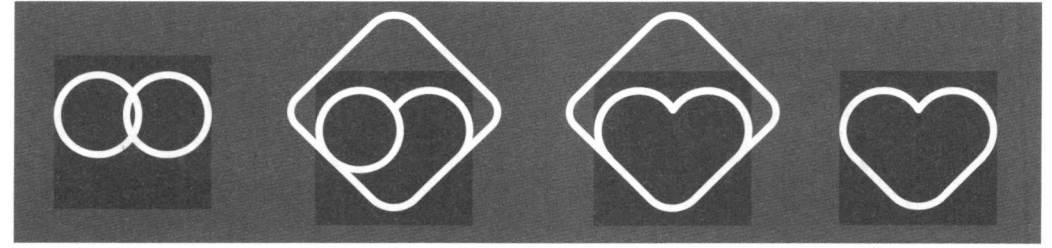

图 1-39

01 使用"椭圆形"工具 ● 在画布中绘制一个圆形。按快捷键 Shift+Alt 将圆形平行复制一个。选中所有圆形，按快捷键 Command+G 编组，最后使用"左右居中对齐"工具 ≒ 将其对齐到正方形底框，如图 1-40 所示。

02 绘制一个圆角"半径"为 10px 的矩形，然后按住 Shift 键，使用"旋转"工具 ⟳ 将该圆角矩形旋转到合适位置，使用"左右居中对齐"工具 ≒ 将其对齐到正方形底框，如图 1-41 所示。

图 1-40 图 1-41

03 双击右边的圆形，使其进入编辑状态。按住 Shift 键，在圆形的合适位置添加两个锚点。选择"剪刀"工具 ✂，将鼠标光标移至想要裁剪的边线部分的上方，待边线呈虚线状态，单击鼠标，裁剪处理后的图形效果如图 1-42 和图 1-43 所示。

 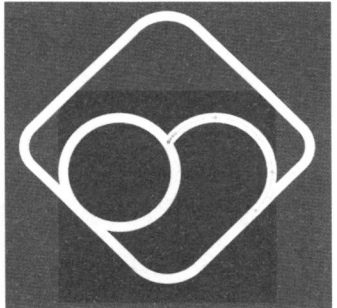

图 1-42 图 1-43

04 按照上一步的操作方法，对左边的圆形也进行裁剪处理，如图 1-44 所示。

05 选中所有线条，单击"描边"选项栏中的"设置"按钮，设置"端点"和"转折点"为圆滑效果，如图 1-45 所示。

图 1-44

图 1-45

1.1.7 绘制"个人"图标

"个人"图标的绘制流程和完成效果如图 1-46 所示。

图 1-46

01 使用"椭圆形"工具 ● 在画布中绘制一个圆形，然后分别按快捷键 Command+C 和快捷键 Command+V 将圆形复制一个，并将复制的圆形适当缩小，如图 1-47 所示。

02 继续复制圆形，然后将复制的圆形适当放大。双击该圆形，使其呈编辑状态，然后选择"剪刀"工具 ✂，将鼠标光标移至想要裁剪的边线上方，待边线呈虚线状态，单击鼠标，将多余的线条裁剪，如图 1-48 所示。选中所有线条，单击"描边"选项栏中的"设置"按钮，设置"端点"和"转折点"为圆滑效果，如图 1-49 所示。

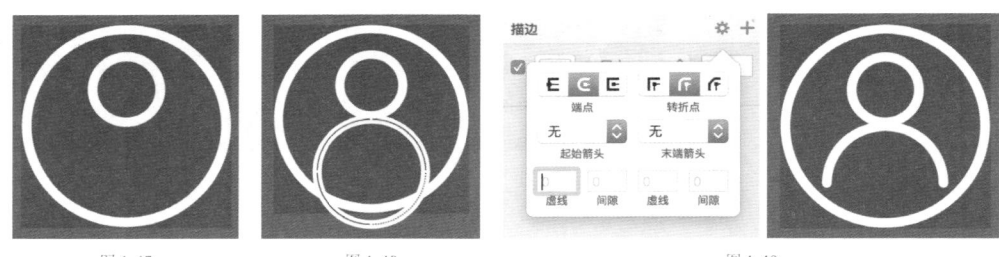

图 1-47   图 1-48   图 1-49

1.1.8 绘制"支付"图标

"支付"图标的绘制流程和完成效果如图 1-50 所示。

图 1-50

01 使用"椭圆形"工具 ● 在画布中绘制一个圆形。选择"钢笔"工具 并按住 Shift 键，在画布中绘制一条斜线。选中所有线条，单击"描边"选项栏中的"设置"按钮，设置"端点"和"转折点"为圆滑效果，如图 1-51 所示。

图 1-51

02 选中斜线，然后按住 Alt 键，往右拖动鼠标，将斜线复制一条。选中复制的斜线并单击"左右翻转"按钮 ，将斜线进行翻转处理并调整到画布中的合适位置，如图 1-52 所示。

03 选择"钢笔"工具 ，然后按住 Shift 键，在画布中绘制 3 条线段。选中所有线条，单击"描边"选项栏中的"设置"按钮，设置"端点"和"转折点"为圆滑效果，如图 1-53 所示。

图 1-52

图 1-53

1.1.9 绘制"闹钟"图标

"闹钟"图标的绘制流程和完成效果如图 1-54 所示。

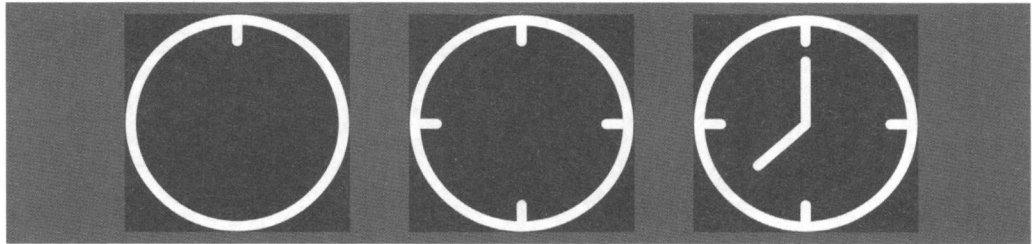

图 1-54

01 使用"椭圆形"工具●在画布中绘制一个圆形，然后选择"钢笔"工具●并按住 Shift 键，在画布中绘制一条线段，如图 1-55 所示。

02 选中线段，单击"旋转复制"按钮❋，在弹出的对话框中设置"副本数量"为 3，然后单击"好"按钮，如图 1-56 所示。从中心处开始，拖动并调整显示的锚点，得到图 1-57 所示的图形效果。

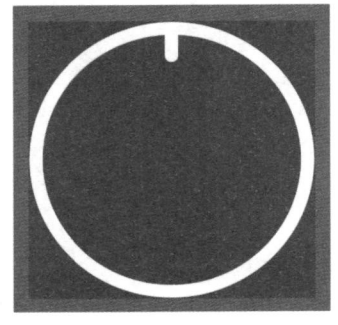

图 1-55

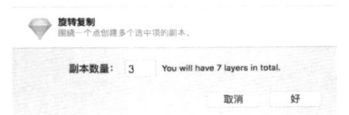

图 1-56

图 1-57

03 选择"钢笔"工具●，然后按住 Shift 键，在画布中再次绘制一条线段。选中该线段，将段段复制一条，然后选中复制的线段，单击"旋转"工具●，将线段旋转至合适位置。选中所有线条，单击"描边"选项栏中的"设置"按钮，设置"端点"和"转折点"为圆滑效果，如图 1-58 所示。

图 1-58

1.1.10 绘制"Wi-Fi"图标

"Wi-Fi"图标的绘制流程和完成效果如图 1-59 所示。

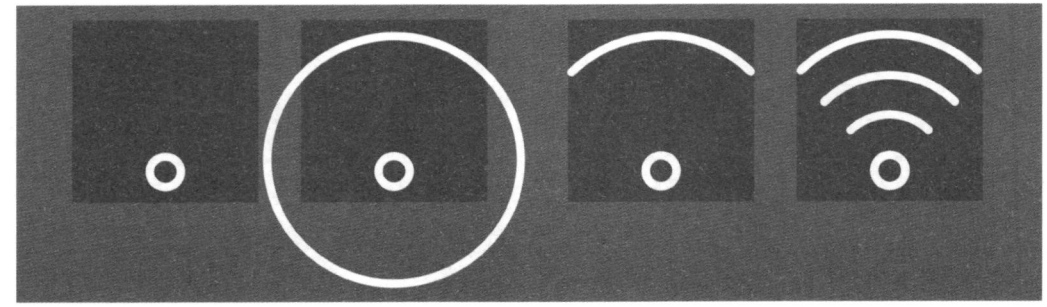

图 1-59

01 使用"椭圆形"工具 在画布中绘制一个较大的和一个较小的圆形，然后调整到画布中的合适位置，如图1-60和图1-61所示。

图 1-60

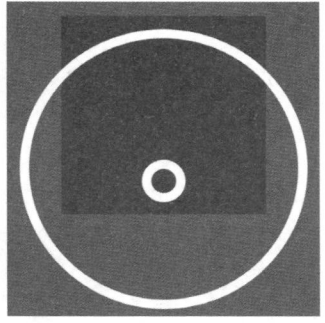

图 1-61

02 双击大一些的那个圆形，使其进入编辑状态。按住 Shift 键，在圆形上半部分的位置添加两个锚点。选择"剪刀"工具 ，将鼠标光标移至想要裁剪的边线上方，待边线呈虚线状态，单击鼠标，完成裁剪处理，如图1-62和图1-63所示。

03 将上一步裁切处理后剩下的线段复制两条并移至下方，然后依次进行缩小，最后调整到画布中的合适位置，绘制好的图标效果如图1-64所示。

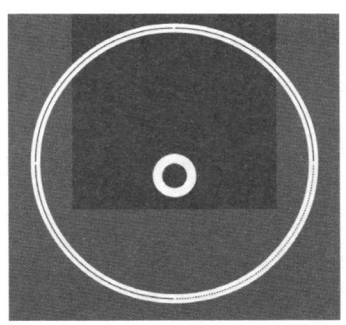

图 1-62

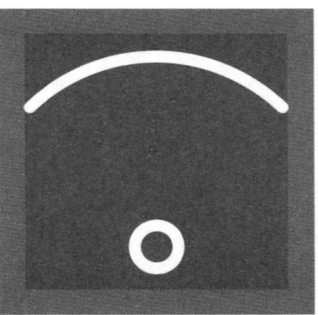

图 1-63

图 1-64

1.1.11　绘制"点赞"图标

"点赞"图标的绘制流程和完成效果如图1-65所示。

图 1-65

01 使用"圆角矩形"工具 ▣ 在画布中绘制一个圆角"半径"为 4 px 的矩形。双击圆角矩形，使其进入编辑状态，然后按住 Shift 键，在圆角矩形边线的合适位置添加一些锚点，如图 1-66 所示。

02 选择"剪刀"工具 ✂，将鼠标光标移至想要裁剪的边线上方，待边线呈虚线状态，单击鼠标，完成裁剪处理，如图 1-67 所示。

03 选择"钢笔"工具 ✐，然后按住 Shift 键，在画布中绘制一条线段，并将尖端移至画布中的合适位置，如图 1-68 所示。

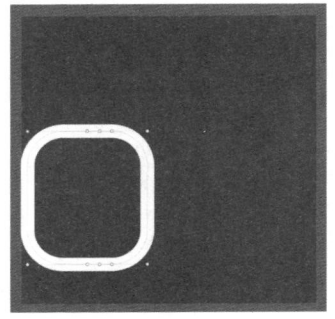

图 1-66

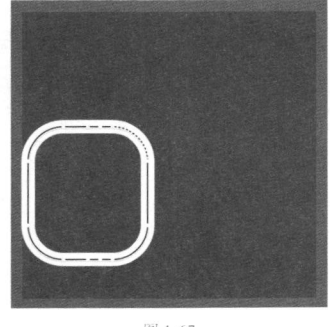

图 1-67

图 1-68

04 使用"钢笔"工具 ✐ 在画布中绘制一条线段，如图 1-69 所示。

05 双击上一步绘制好的线段，使其呈编辑状态。从左边开始，选中线段的第 1 个锚点，在属性栏中单击"断开连接"按钮 ⏝，通过调整锚点右侧的手柄改变线段的形状，如图 1-70 所示，调整后的效果如图 1-71 所示。

图 1-69

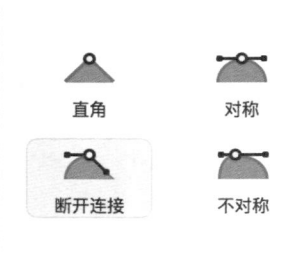

图 1-70

图 1-71

06 选中线段中的第 2 个锚点，按照上一步的方法对线段进行调整，得到的效果如图 1-72 所示。

07 选中线段中的第 3 个锚点，然后按照同样的方法对线段进行适当调整，最终得到的线段效果如图 1-73 所示。

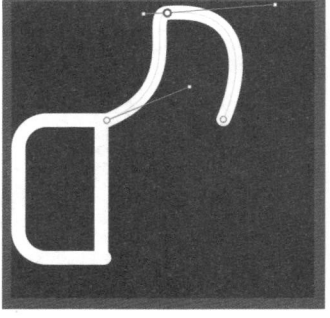

图 1-72

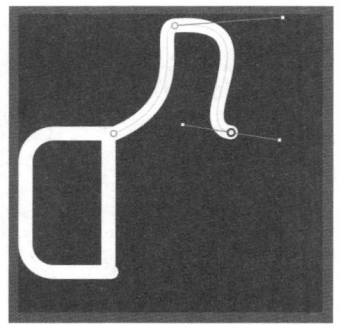

图 1-73

08 使用"钢笔"工具 在画布中绘制一条图 1-74 所示的线段。双击该线段，使其呈编辑状态。从线段上边部分开始，选中第 2 个锚点，然后单击属性栏中的"断开连接"图标 ，通过调整锚点右侧的手柄，使线段的转角处变得更圆滑，如图 1-75 所示。

09 按照上一步的方法，调整线段的其他位置，绘制好的图标效果如图 1-76 所示。

图 1-74

图 1-75

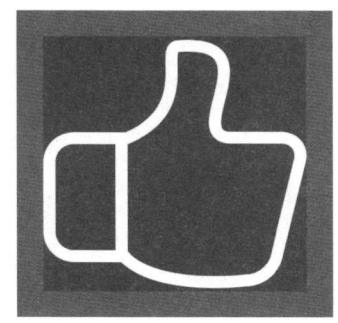

图 1-76

1.1.12 绘制"图片"图标

"图片"图标的绘制流程和完成效果如图 1-77 所示。

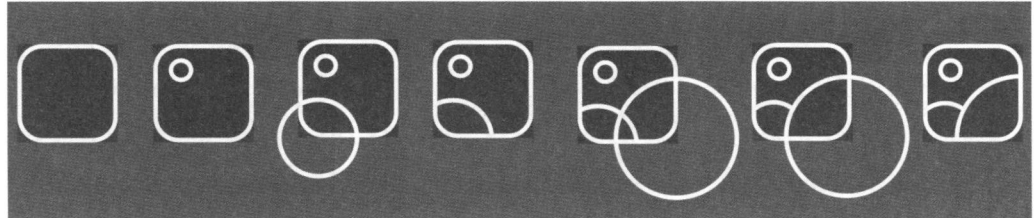

图 1-77

01 在画布中绘制一个圆角"半径"为 12px 的矩形，然后使用"左右居中对齐"工具 将其对齐到正方形底框，如图 1-78 所示。

02 使用"椭圆形"工具 在画布中绘制一个圆形，将其移至矩形内部的左上方位置，如图 1-79 所示。

图 1-78

图 1-79

03 使用"椭圆形"工具 ⬤ 在画布中绘制一个较大的圆形，然后双击该圆形，使其呈编辑状态，如图 1-80 所示。在该圆形的边线上方添加锚点，如图 1-81 所示。选择"剪刀"工具 ✂，将鼠标光标移至想要裁剪的边线位置，待边线呈虚线状态，单击鼠标，完成裁剪处理，如图 1-82 所示。

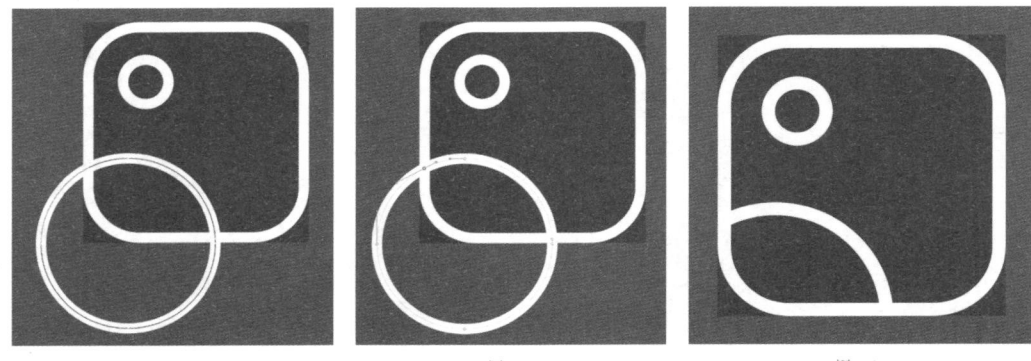

图 1-80   图 1-81   图 1-82

04 使用"椭圆形"工具 ⬤ 在画布中绘制一个较大的圆形，如图 1-83 所示。依照上述裁剪的方法，将圆形裁剪为图 1-84 所示的效果，绘制好的图标效果如图 1-85 所示。

图 1-83   图 1-84   图 1-85

1.1.13 绘制"购物车"图标

　　"购物车"图标的绘制流程和完成效果如图 1-86 所示。

图 1-86

01 使用"圆角矩形"工具■在画布中绘制一个圆角"半径"为12px的矩形，如图1-87所示。

02 双击矩形，使其进入编辑状态。选中矩形底部的两个锚点，然后将这两个锚点分别向中间等距离拖至合适位置，在属性栏中设置这两个位置的"圆角"为10px，如图1-88所示，制作好的图形效果如图1-89所示。

图1-87

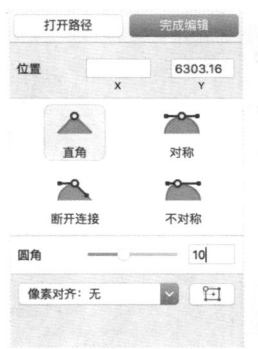

图1-88

图1-89

03 使用"钢笔"工具■沿着上一步绘制好的图形的左上方位置绘制一条线段，如图1-90所示。

04 使用"椭圆形"工具●在画布中绘制一个圆形，然后将圆形复制一个，并调整到画布中的合适位置，绘制好的图标效果如图1-91所示。

图1-90

图1-91

1.1.14 绘制"删除"图标

"删除"图标的绘制流程和完成效果如图1-92所示。

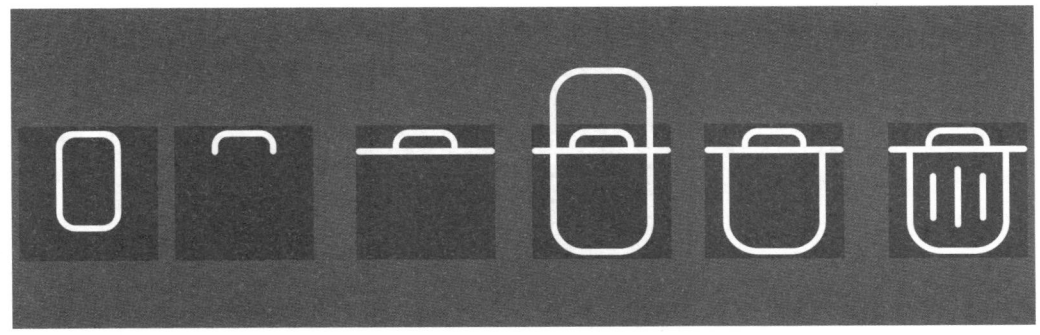

图1-92

01 在画布中绘制一个圆角"半径"为 12px 的矩形，如图 1-93 所示。

02 按住 Shift 键，在圆角矩形的左右两边的 1/2 处各添加一个锚点，在左右两边的线段的 1/4 处各添加一个锚点，如图 1-94 所示。

图 1-93

图 1-94

03 选择"剪刀"工具 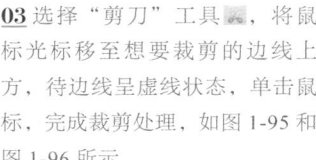，将鼠标光标移至想要裁剪的边线上方，待边线呈虚线状态，单击鼠标，完成裁剪处理，如图 1-95 和图 1-96 所示。

图 1-95

图 1-96

04 选择"钢笔"工具，在画布中绘制一条线段，将该线段拖至上一步剪切好的图形下方，如图 1-97 所示。

05 使用"圆角矩形"工具 在画布中绘制一个圆角"半径"为 12px 的矩形，如图 1-98 所示，双击圆角矩形，使其呈编辑状态，按住 Shift 键，在圆角矩形边线的合适位置添加锚点，如图 1-99 所示。

图 1-97

图 1-98

图 1-99

06 选择"剪刀"工具，将鼠标光标移至想要裁剪的边线上方，待边线呈虚线状态，单击鼠标，完成裁剪处理，如图 1-100 和图 1-101 所示。

图 1-100

图 1-101

07 使用"钢笔"工具绘制 3 条线段，将每条线段调整为合适长度并移至画布中的合适位置。选中所有线条，单击"描边"选项栏中的"设置"按钮，设置"端点"和"转折点"为圆滑效果，设置及绘制好的图标效果如图 1-102 所示。

图 1-102

1.1.15 绘制"设置"图标

"设置"图标的绘制流程和完成效果如图 1-103 所示。

图 1-103

01 使用"椭圆形"工具在画布中绘制一个圆形，如图 1-104 所示。将工具切换为"圆角矩形"工具，然后在画布中绘制一个圆角"半径"为 4px 的矩形，如图 1-105 所示。

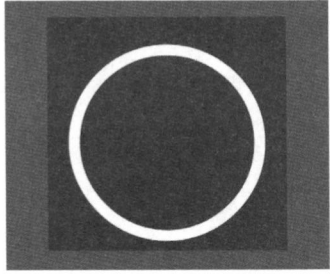

图 1-104

图 1-105

02 选择圆角矩形，单击"旋转复制"按钮，在弹出的对话框中设置"副本数量"为 6，然后单击"好"按钮，如图 1-106 所示。从中心处开始，拖动并调整显示的锚点，得到图 1-107 所示的图形效果。

图 1-106

图 1-107

03 选中画布中的所有图形，单击"合并形状"按钮■，将图形进行合并，如图 1-108 所示。选择"椭圆形"工具●，在画布中绘制一个圆形并使其与合并的图形居中对齐，结束操作，绘制好的图标效果如图 1-109 所示。

图 1-108   图 1-109

1.1.16 绘制"手机"图标

"手机"图标的绘制流程和完成效果如图 1-110 所示。

图 1-110

01 在画布中绘制一个圆角"半径"为 12px 的矩形，使用"左右居中对齐"工具♯将其对齐到正方形底框，如图 1-111 所示。

02 选择"钢笔"工具●，然后按住 Shift 键，绘制一条线段，将线段复制一条并移至画布中的合适位置，如图 1-112 所示。

03 使用"椭圆形"工具●在画布中绘制一个圆点，填充为白色（R:225，G:225，B:225），然后将其移至画布中偏下的位置，绘制好的图标效果如图 1-113 所示。

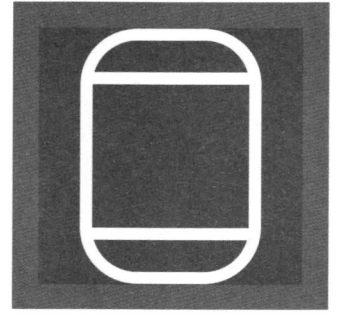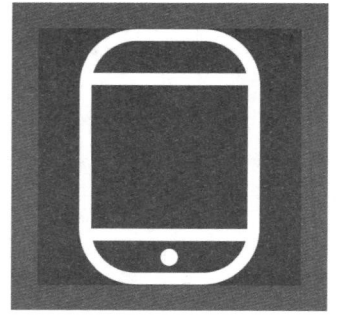

图 1-111   图 1-112   图 1-113

1.1.17 绘制"放大镜"图标

"放大镜"图标的绘制流程和完成效果如图 1-114 所示。

图 1-114

__01__ 在画布中绘制一大一小两个圆形,然后选中两个圆形,使用"左右居中对齐"工具 ⬥ 和"垂直居中对齐"工具 ⬥ 将它们对齐,如图 1-115 所示。

图 1-115

__02__ 双击较小的那个圆形,使其进入编辑状态。选择"剪刀"工具 ✂,将鼠标光标移至想要裁剪的边线上方,待边线呈虚线状态,单击鼠标,完成裁剪处理,如图 1-116 和图 1-117 所示。

__03__ 按住 Shift 键,使用"钢笔"工具 ✎ 在画布中绘制一条线段并移至画布中的合适位置,绘制好的图标效果如图 1-118 所示。

图 1-116

图 1-117

图 1-118

1.1.18 绘制"天气"图标

"天气"图标的绘制流程和完成效果如图 1-119 所示。

图 1-119

01 使用"椭圆形"工具 ◉ 在画布中绘制一个圆形，如图 1-120 所示。

02 使用"钢笔"工具 在画布中绘制一条线段并移至画布中的合适位置，如图 1-121 所示。

图 1-120　　　　　　　　　图 1-121

03 选中线段，单击"旋转复制"按钮 ✿，在弹出的对话框中设置"副本数量"为 6，然后单击"好"按钮，如图 1-122 所示。从中心处开始，拖动并调整显示的锚点，然后选中所有线条，单击"描边"选项栏中的"设置"按钮，设置"端点"和"转折点"为圆滑效果，如图 1-123 所示。删除右下方的两条短线，如图 1-124 所示。

图 1-122

图 1-123　　　　　　　　　图 1-124

04 使用"椭圆形"工具 ◉ 在画布中绘制一个圆形，然后将圆形复制 4 个，按图 1-125 所示的调整位置。选中这 4 个圆形，单击"合并形状"按钮 ◢，得到图 1-126 所示的图形效果。

图 1-125　　　　　　　　　图 1-126

05 双击一开始绘制的圆形，使其呈编辑状态，然后在该圆形的合适位置添加锚点。选择"剪刀"工具，将鼠标光标移至想要裁剪的边线上方，待边线进入虚线状态，单击鼠标，完成裁剪处理，如图1-127和图1-128所示。

图 1-127

图 1-128

1.1.19 绘制"锁"图标

"锁"图标的绘制流程和完成效果如图1-129所示。

图 1-129

01 使用"圆角矩形"工具在画布中绘制一个圆角"半径"为12px的矩形，如图1-130所示。

02 在画布中绘制一个较小的圆角矩形，如图1-131所示。

图 1-130

图 1-131

03 双击上一步绘制好的圆角矩形，使其呈编辑状态，然后在圆角矩形边线上添加几个锚点。选择"剪刀"工具 ，将鼠标光标移至想要裁剪的边线上方，待边线进入虚线状态，单击鼠标，完成裁剪处理，如图 1-132 所示。

04 按住 Shift 键不放，使用"钢笔"工具 在画布中绘制一条线段并移至画布中的合适位置，绘制好的图标效果如图 1-133 所示。

图 1-132   图 1-133

1.1.20 绘制"包"图标

"包"图标的绘制流程和完成效果如图 1-134 所示。

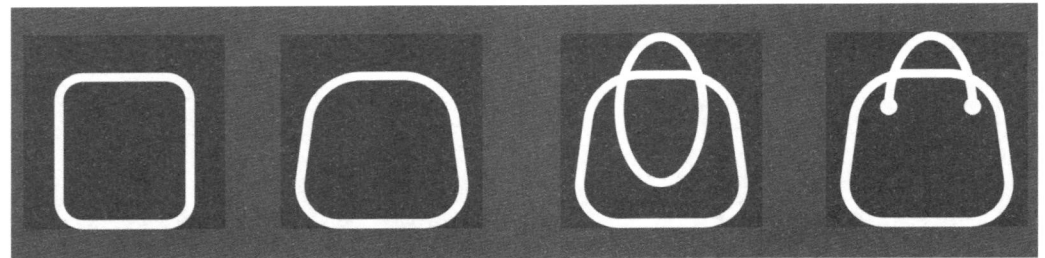

图 1-134

01 使用"圆角矩形"工具 在画布中绘制一个圆角"半径"为 12px 的矩形，如图 1-135 所示。

02 双击圆角矩形，使其呈编辑状态，然后调整这些锚点上的手柄，将图形调整为图 1-136 所示的效果。

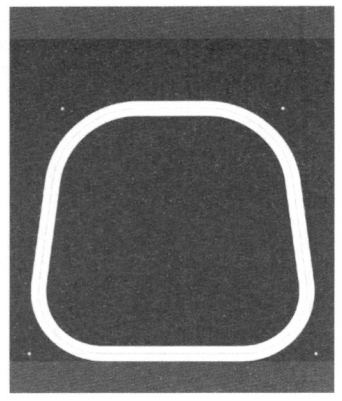

图 1-135   图 1-136

03 使用"椭圆形"工具 ● 在画布中绘制一个椭圆形，如图 1-137 所示。双击这个椭圆，使其呈编辑状态，然后选择"剪刀"工具 ✂，将鼠标光标移至想要裁剪的边线上方，待边线进入虚线状态，单击鼠标，完成裁剪处理，如图 1-138 所示。

04 使用"椭圆形"工具 ● 在画布中绘制一个圆点并填充为白色（R:225，G:225，B:225），然后将圆点复制一个并移至画布中的合适位置，绘制好的图标效果如图 1-139 所示。

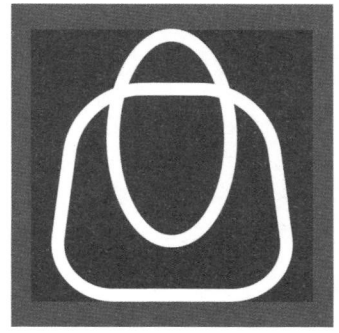
图 1-137

图 1-138

图 1-139

拓展练习：绘制一套线性图标

绘制好的线性图标效果如图 1-140 所示。

图 1-140

1.2 实战：绘制一套社交 App 的扁平图标

本案例是社交类 App 的图标设计项目。这个项目的用户群体是工作 1~3 年的上班族或其他年轻人，因为这类人群在审美上往往追求新鲜、靓丽，所以在图标绘制中使用了比较绚丽的蓝紫色，以达到贴近用户喜好的目的。绘制的图标整体效果如图 1-141 所示。

图 1-141

1.2.1 绘制"相机"图标

"相机"图标的绘制流程和完成效果如图 1-142 所示。

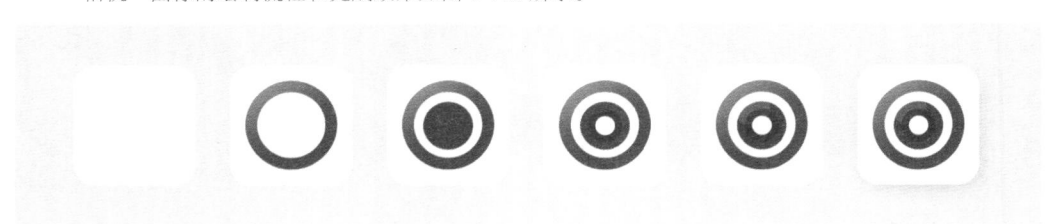

图 1-142

01 新建一个 1400px×960px 的画布，填充为浅蓝色（R:238，G:245，B:254）。选择"圆角矩形"工具█，绘制一个 512px×512px 的圆角矩形，然后填充为白色（R:255，G:255，B:255），设置圆角"半径"为 90px，使用"左右居中对齐"工具‡和"垂直居中对齐"工具╫将其进行对齐，如图 1-143 所示。

02 使用"椭圆形"工具●绘制一个直径为 337px 的圆形，然后设置"描边"为蓝色（R:0，G:193，B:255）至紫色（R:184，G:72，B:255）再至玫红色（R:221，G:39，B:255）的线性渐变效果，"位置"为居中，"粗细"为 50px，如图 1-144 所示。

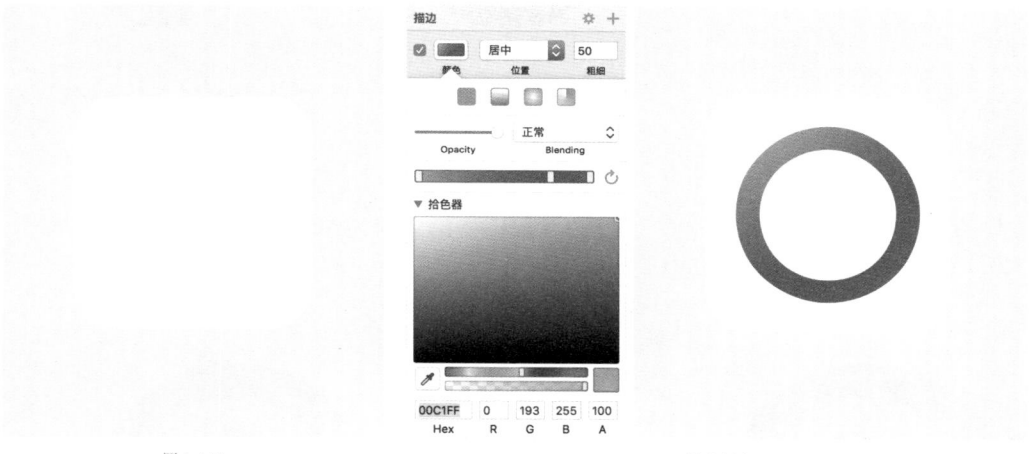

图 1-143　　　　　　　　　　　　　　　　　　　　　　图 1-144

03 绘制一个直径为 209px 的圆形，填充为蓝色（R:118，G:96，B:255），如图 1-145 所示。

04 绘制一个直径为 145px 的圆形，填充为深蓝色（R:92，G:67，B:255），如图 1-146 所示。

图 1-145　　　　　　　　　　　　　　　　　　　　　　图 1-146

05 绘制一个直径为84px的圆形，填充为白色（R:255，G:255，B:255）。选中深蓝色的圆形和白色的圆形，单击"减去顶层"图标，减去顶层形状，得到的图形效果如图1-147所示。

06 绘制一个直径为209px的圆形并填充为灰色（R:206，G:206，B:206），如图1-58所示；绘制一个直径为148px的圆形，填充为浅灰色（R:231，G:231，B:231），如图1-148所示。

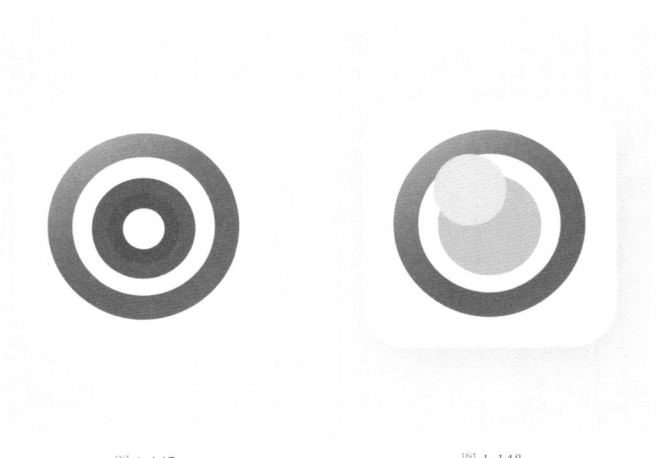

图 1-147   图 1-148

07 选中上一步绘制好的两个圆形，单击"区域相交"按钮，对其进行布尔运算，保留两个图形的中间部分，如图1-149所示。将保留的图形填充为白色（R:255，G:255，B:255），设置"混合模式"为"叠加"，"不透明度"为30%，如图1-150所示。

 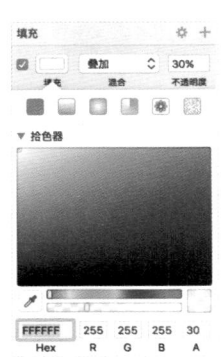

图 1-149   图 1-150

08 将一开始绘制的圆角矩形复制一个并填充为淡蓝色（R:215，G:232，B:242），然后在"高斯模糊"一栏中设置"半径"为30px。将该圆角矩形移至整个图形的右下方位置，作为图标的阴影，绘制好的图标效果如图1-151所示。

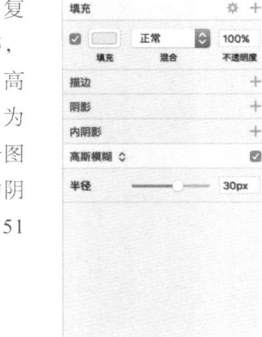 

图 1-151

1.2.2 绘制"旋转"图标

"旋转"图标的绘制流程和完成效果如图 1-152 所示。

图 1-152

01 使用"圆角矩形"工具 ▣ 在画布中绘制一个 512px×512px 的圆角矩形，填充为紫色（R:151，G:77，B:255）至蓝色（R:0，G:203，B:254）的线性渐变效果，然后设置圆角"半径"为 90px。使用"左右居中对齐"工具 ➍ 和"垂直居中对齐"工具 ➍ 将其进行对齐，如图 1-153 所示。

图 1-153

02 使用"椭圆形"工具 ● 在画布中绘制一个直径为 290px 的圆形，然后设置"颜色"为无，"位置"为居中，"粗细"为 52px，填充为白色（R:255，G:255，B:255），如图 1-154 所示。

图 1-154

03 双击圆形，使其呈编辑状态，如图1-58所示。选择"剪刀"工具 ✂ ，将鼠标光标移至想要裁剪的边线上方，待边线呈虚线状态，单击鼠标，完成裁剪处理，如图1-155和图1-156所示。

图 1-155　　　　　　　　　　图 1-156

04 选中上一步裁剪好的线，将描边设置为白色（R:255,G:255,B:255）（"不透明度"为100%）至白色（R:255,G:255,B:255）（"不透明度"为0%）的渐变效果，如图1-157所示。

05 按照同样的方法，在画布中绘制出另外3条线，使其形成一个圆圈，如图1-158所示。

图 1-157　　　　　　　　　　图 1-158

06 隐藏上一步绘制好的形状，然后将绘制的圆形复制一个，为圆形填充紫色（R:141,G:60,B:255）至蓝色（R:0,G:194,B:243）的线性渐变效果，设置"不透明度"为70%。在"高斯模糊"一栏中设置"半径"为7px，如图1-159所示，得到的图形效果如图1-160所示。

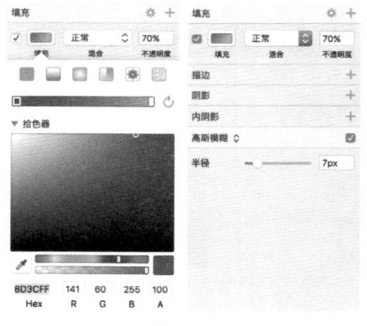

图 1-159　　　　　　　　　　图 1-160

07 将隐藏的形状显示出来，然后将底部的圆角矩形复制一层并移至图形的右下方位置。打开属性面板，设置"不透明度"为30%，然后在"高斯模糊"一栏中设置"半径"为20px，作为图标的阴影，如图1-161所示。

图 1-161

1.2.3 绘制"圆形"图标

"圆形"图标的绘制流程和完成效果如图 1-162 所示。

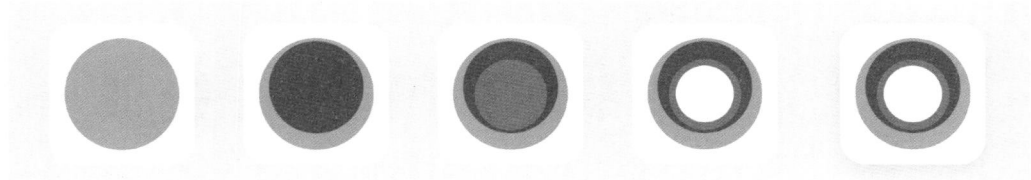

图 1-162

01 使用"圆角矩形"工具 ■ 在画布中绘制一个 512px×512px 的圆角矩形，然后填充为白色（R:255，G:255，B:255），圆角"半径"为 90px，使用"左右居中对齐"工具 ◆ 和"垂直居中对齐"工具 ◆ 将其进行对齐。使用"椭圆形"工具 ● 在画布中绘制一个直径为 406px 的圆形，填充为蓝色（R:8，G:228，B:255），如图 1-163 所示。

02 选中上一步绘制好的蓝色圆形，复制一个并修改圆形的直径为 335px，然后将其上移填充为蓝紫色（R:135，G:99，B:255），如图 1-164 所示。

图 1-163   图 1-164

03 复制两个圆形，分别设置为玫红色（R:255，G:88，B:255）和白色（R:255，G:255，B:255），然后调整这两个圆形的大小并移至合适位置，如图 1-165 所示。

04 将一开始绘制好的圆角矩形复制一层，然后放在图形的右下方位置，填充为浅蓝色（R:215，G:232，B:242），"不透明度"为 100%，在"高斯模糊"一栏中设置"半径"为 30px，设置及得到的图形效果如图 1-166 所示。

图 1-165   图 1-166

1.2.4 绘制"聊天"图标

"聊天"图标的绘制流程和完成效果如图 1-167 所示。

图 1-167

01 使用"圆角矩形"工具 ▢ 在画布中绘制一个 512px×512px 的圆角矩形，然后填充为白色（R:255，G:255，B:255），设置圆角"半径"为 90px，使用"左右居中对齐"工具 ≛ 和"垂直居中对齐"工具 ⬌ 将其对齐到背景层。使用"椭圆形"工具 ● 绘制一个直径为 406px 的圆形，填充为蓝色（R:13，G:184，B:255）至紫色（R:213，G:46，B:255）的渐变效果，如图 1-168 所示。

02 在画布中绘制一个直径为 206px 圆形，填充为白色（R:255，G:255，B:255），如图 1-169 所示。

图 1-168   图 1-169

03 使用"三角形"工具 ▲ 在画布中绘制一个三角形，然后使用"旋转"工具 ↻ 将三角形旋转到合适位置。选中三角形和圆形，单击"合并形状"按钮 ▣，将圆形和三角形进行合并，如图 1-170 所示。

04 使用"椭圆形"工具 ● 在画布中绘制两个较小的圆形，选中这两个圆形和上一步绘制好的白色的圆形，单击"减去顶层" ▣ 按钮，将两个小圆形从大圆形上减去，得到图 1-171 所示的图形效果。

图 1-170   图 1-171

05 选中白色的圆形，然后设置"阴影"为紫红色（R:161，G:82，B:254），"X"为 10，"Y"为 11，"模糊"为 34，如图 1-172 所示。将一开始绘制的圆角矩形复制一层并放在图形的右下方位置，填充为浅蓝色（R:215，G:232，B:242）。在"高斯模糊"一栏中设置"半径"为 30px，绘制好的图标效果如图 1-173 所示。

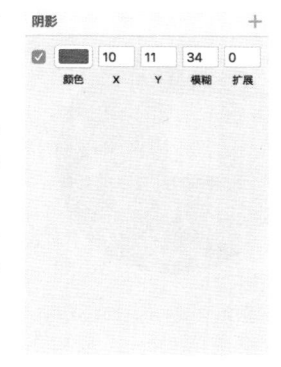

图 1-172

图 1-173

1.2.5 绘制"闪电"图标

"闪电"图标的绘制流程和完成效果如图 1-174 所示。

图 1-174

01 使用"圆角矩形"工具 ▇ 在画布中绘制一个 512px × 512px 的圆角矩形，然后填充为白色（R:255，G:255，B:255），设置圆角"半径"为 90px，使用"左右居中对齐"工具 ▤ 和"垂直居中对齐"工具 ▥ 将其进行对齐，使用"椭圆形"工具 ● 绘制一个直径为 406px 的圆形，填充为蓝色（R:13，G:184，B:255）至紫色（R:213，G:46，B:255）的渐变效果，如图 1-175 所示。

图 1-175

02 使用"圆角矩形"工具 ▣ 在画布中绘制一个圆角"半径"为 8px 的矩形，填充为白色（R:255，G:255，B:255），如图 1-176 所示。双击该圆角矩形，使其呈编辑状态，如图 1-177 所示。单击圆角矩形左上角的锚点，将其删除，得到一个三角形效果，如图 1-178 所示。

图 1-176   图 1-177   图 1-178

03 将绘制好的三角形复制一个，选中复制的三角形，选择"水平翻转"工具 ▣ ，将这个三角形进行翻转并调整其位置，使其与上面的三角形衔接到一起。选中这两个三角形，单击"合并形状"按钮 ▣ ，将这两个三角形进行合并，形成闪电图形。将一开始绘制的圆角矩形复制一层，然后放在图形的右下方位置，填充颜色为浅蓝色（R:215，G:232，B:242）。在"高斯模糊"一栏设置"半径"为 30px，绘制好的图标效果如图 1-179 所示。

图 1-179

1.2.6　绘制"多色气泡"图标

　　"多色气泡"图标的绘制流程和完成效果如图 1-180 所示。

图 1-180

01 使用"圆角矩形"工具█在画布中绘制一个 512px×512px 的圆角矩形，然后填充为白色（R:255，G:255，B:255），圆角"半径"为 90px，使用"左右居中对齐"工具↔和"垂直居中对齐"工具↕将其进行对齐。使用"椭圆形"工具●绘制一个椭圆形，然后填充为蓝色（R:8，G:228，B:255），使用"旋转"工具将椭圆形旋转到合适位置，如图 1-181 所示。

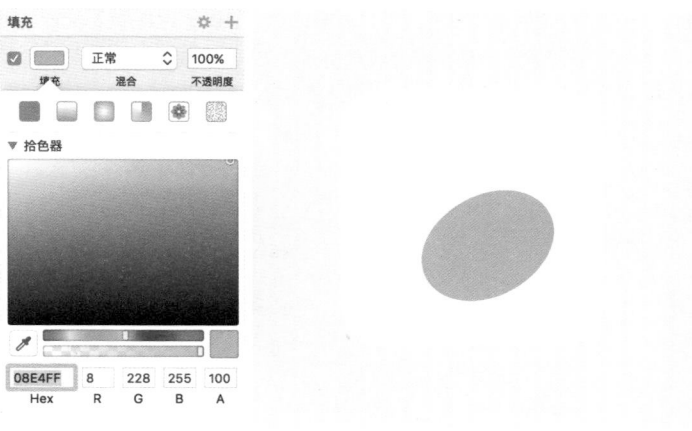

图 1-181

02 选择上一步绘制好的椭圆形，将其复制两个。设置第 1 个椭圆形的颜色为蓝色（R:107，G:85，B:255），"不透明度"为 90%。将椭圆形适当放大，然后旋转至 -335°的位置，如图 1-182 所示。

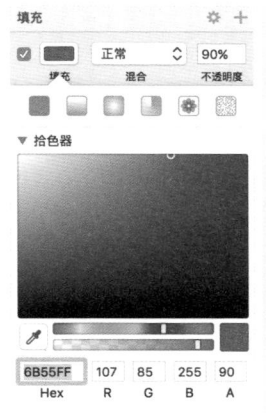

图 1-182

03 设置第 2 个椭圆形的颜色为玫红色（R:255，G:56，B:255），"不透明度"为 90%。将椭圆形适当放大，并旋转至 -15°的位置，如图 1-183 所示。

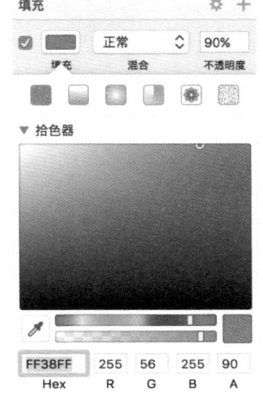

图 1-183

04 在画布中绘制两个白色的圆形并调整位置，如图 1-184 所示。将一开始绘制的圆角矩形复制一层并放在图形的右下方位置，然后填充为浅蓝色（R:215，G:232，B:242），在"高斯模糊"一栏中设置"半径"为 30px，设置及绘制好的图标效果如图 1-185 所示。

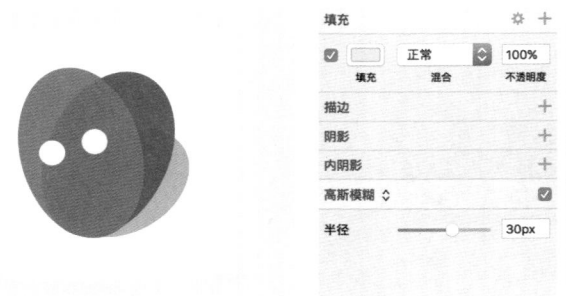

图 1-184
图 1-185

拓展练习：绘制一个扁平化图标

绘制好的扁平化图标效果如图 1-186 所示。

图 1-186

1.3 实战：绘制一套工具类型的拟物图标

本案例是工具类 App 的图标设计项目。其中"钟表盘"图标和"按钮"图标颜色都偏淡雅，"渐变色开关"图标和"相机"图标颜色则偏艳丽，目的是满足更多人的需求。绘制的图标整体效果如图 1-187 所示。

图 1-187

1.3.1 绘制"钟表盘"图标

"钟表盘"图标的绘制流程和完成效果如图 1-188 所示。

图 1-188

01 新建一个 916px×710px 的画布，填充为浅蓝色（R:227，G:233，B:235）至深蓝色（R:160，G:181，B:194）的线性渐变效果，如图 1-189 所示。选择"圆角矩形"工具 ，在画布中绘制一个 512px×512px 的圆角矩形，设置圆角"半径"为 90px，然后填充为浅蓝色（R:248，G:250，B:251）至稍微深一些的浅蓝色（R:238，G:240，B:245）的线性渐变效果，使用"左右居中对齐"工具 和"垂直居中对齐"工具 将其进行对齐，如图 1-190 所示。

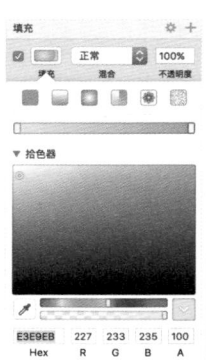

图 1-189

图 1-190

02 复制一个圆角矩形放在上方，设置"内阴影"为浅蓝色（R:110，G:144，B:166），"不透明度"为48%，"Y"为 -11，"模糊"为 18，如图 1-191 所示。

图 1-191

03 再次复制一个圆角矩形放在上方，然后设置"内阴影"为白色（R:255，G:255，B:255），"Y"为5，"模糊"为18，如图1-192所示。

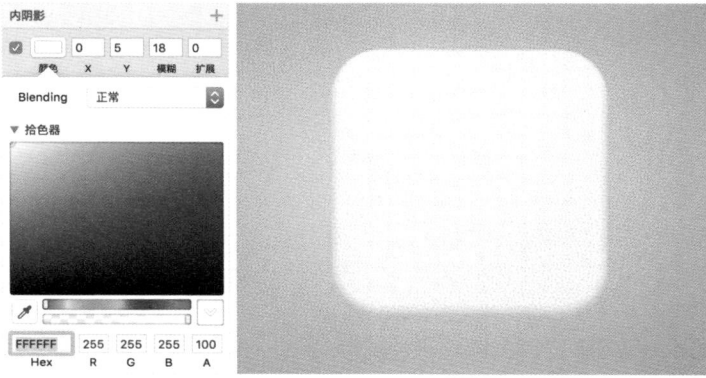

图 1-192

04 观察图形，由于前面绘制的阴影和高光在背景的对比下看起来不够明显，因此为图形再添加一些投影。再次复制一个圆角矩形，将该圆角矩形放在底图和绘制的第1个圆角矩形中间，然后将圆角矩形填充为深蓝色（R:94，G:135，B:167），并且在"高斯模糊"一栏中设置"半径"为10px。将该圆角矩形移至右下方位置，作为阴影，如图1-193所示。

图 1-193

05 观察阴影的效果，看起来有点儿模糊。为了使其更立体，将第1个圆角矩形复制一个，然后设置"内阴影"为白色（R:255，G:255，B:255），"Y"为1，"模糊"为17、如图1-194所示。

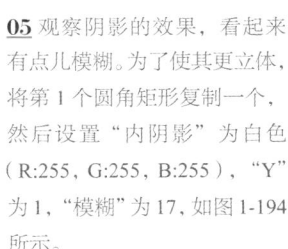

图 1-194

06 使用"椭圆形"工具 ● 在画布中绘制一个直径为 416px 的圆形，填充为浅蓝色（R:140，G:172，B:210）至深蓝色（R:115，G:150，B:197）的渐变效果。设置"内阴影"为蓝色（R:103，G:139，B:189），"X"为 2，"Y"为 2，"模糊"为 15，"扩展"为 2，如图 1-195 所示。

图 1-195

07 将上一步绘制的圆形复制一个，然后设置"内阴影"为白色（R:255，G:255，B:255），"X"为 -2，"Y"为 -2，"模糊"为 2，如图 1-196 所示。

图 1-196

08 使用"钢笔"工具 ● 在画布中绘制一条线段，然后设置描边"位置"为居中，"粗细"为 8px。选中线段，单击"描边"选项栏中的"设置"按钮，设置"端点"和"转折点"为圆滑效果。设置"内阴影"为浅蓝色（R:135，G:168，B:206），"X"为 1，"Y"为 1，"模糊"为 2，如图 1-197 所示。

图 1-197

09 再次选中绘制好的线段，单击"旋转复制"按钮 ●，在弹出的对话框中设置"副本数量"为 7，然后单击"好"按钮，如图 1-198 所示。从中心处开始，拖动显示的锚点并调整位置，得到的表盘效果如图 1-199 所示。

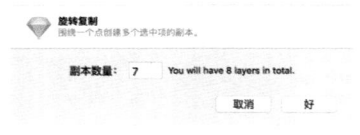

图 1-198

图 1-199

10 使用"椭圆形"工具 在画布
中绘制一个直径为 50px 的圆形，
然后填充为白色（R:238，G:246，
B:255），设置"阴影"为浅蓝色
（R:82，G:125，B:182），"内阴影"
为白色（R:255，G:255，B:255），"X"
为 -1，"Y"为 4，"模糊"为 6，
"扩展"为 4，如图 1-200 所示。

图 1-200

11 使用"钢笔"工具 在画布中绘制一条线段，描边"位置"为居中，"粗细"为 8px，然后选中线段，单击"描边"
选项栏中的"设置"按钮，设置"端点"和"转折点"为圆滑效果，如图 1-201 所示。使用"旋转"工具 将该
线段旋转到合适位置，然后选中该线段，使用"轮廓"工具 将其变成矢量图形并填充为橘黄色（R:240，G:191，
B:133），如图 1-202 所示。

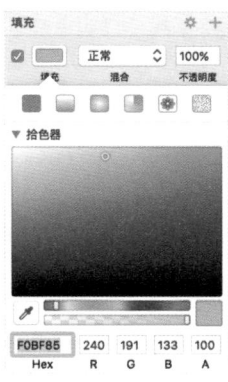

图 1-201

图 1-202

12 使用"椭圆形"工具 在画布中绘制一个直径为 30px 的圆形，然后填充为橘黄色（R:240，G:191，B:133）。
选中这个圆形和上一步绘制好的秒针，按快捷键Command+G打组。选择该组，设置组的"阴影"为深蓝色（R:107，
G:142，B:191），"X"为 4，"Y"为 5，"模糊"为 4，如图 1-203 所示。

13 按照绘制秒针的方法，将时针和分针一起绘制出来，得到的图标效果如图 1-204 所示。

图 1-203

图 1-204

1.3.2　绘制"按钮"图标

"按钮"图标的绘制流程和完成效果如图 1-205 所示。

图 1-205

01 新建一个 916px×710px 的画布，填充为浅蓝色（R:227，G:233，B:235）至深蓝色（R:160，G:181，B:194）的线性渐变效果。使用"圆角矩形"工具 ■ 在画布中绘制一个 512px×512px 的圆角矩形，设置圆角"半径"为 90px，然后填充为浅蓝色（R:248，G:250，B:251）至稍微深一点儿的浅蓝色（R:239，G:241，B:246）的线性渐变效果，使用"左右居中对齐"工具 ╪ 和"垂直居中对齐"工具 ╫ 将其进行对齐，如图 1-206 所示。

图 1-206

02 复制一个圆角矩形在上方，然后设置"内阴影"为浅蓝色（R:152，G:180，B:215），"不透明度"为 92%，"X"为 -5，"Y"为 -13，"模糊"为 18，如图 1-207 所示。

图 1-207

03 为了使阴影更明显，复制一个圆角矩形并放在底图与绘制的第 1 个圆角矩形的中间。将矩形填充为深蓝色（R:94，G:135，B:167），然后在"高斯模糊"一栏中设置"半径"为 10px，将绘制好的投影往图形的右下方移动，使其在该位置显示，如图 1-208 所示。

04 使用"椭圆形"工具 ● 绘制一个直径为 346px 的圆形，然后为圆形填充浅蓝色（R:251，G:251，B:252）至稍微深一些的浅蓝色（R:216，G:225，B:239）的线性渐变效果，如图 1-209 所示。

05 设置"描边"为浅蓝色（R:203，G:214，B:228）至稍微深一些的浅蓝色（R:160，G:174，B:193）的线性渐变效果，"位置"为居中，"粗细"为 2px，"不透明度"为 42%，如图 1-210 所示。

图 1-208   图 1-209   图 1-210

06 在"阴影"一栏中设置"颜色"为蓝色（R:88，G:125，B:180），"X"为 4，"Y"为 8，"模糊"为 14，"不透明度"为 84%，如图 1-211 所示。

07 在"内阴影"一栏中设置"颜色"为浅蓝色（R:235，G:243，B:255），"X"为 2，"Y"为 -2，"模糊"为 3，如图 1-212 所示。

图 1-211   图 1-212

08 复制一个圆形并放在圆形下面的左上方位置，填充为白色（R:255，G:255，B:255），如图 1-213 所示。在"高斯模糊"一栏中设置"半径"为 10px，如图 1-214 所示。

图 1-213

图 1-214

09 为了使图标底部的阴影更长并更明显，再次复制一个圆形在底部，填充为浅蓝色（R:252，G:252，B:253）至稍微深一些的浅蓝色（R:215，G:223，B:235）的渐变效果。设置"阴影"为浅蓝色（R:114，G:144，B:189），其"不透明度"为31%，"X"25，"Y"为35，"模糊"为24，如图 1-215 所示。

图 1-215

10 使用"椭圆形"工具  绘制一个直径为274px 的圆形，然后填充为浅蓝色（R:231，G:234，B:242）至稍微浅一些的浅蓝色（R:247，G:248，B:251）的线性渐变效果，如图 1-216 所示。

图 1-216

11 使用"三角形"工具▲在画布中绘制一个三角形，然后使用"旋转"工具↻将三角形旋转到合适位置，设置三角形的圆角"半径"为8px，勾选"平滑圆角"选项，填充三角形为浅蓝色（R:194，G:207，B:222），设置"内阴影"为深蓝色（R:89，G:107，B:125），"X"为-2，"模糊"为3，如图1-217所示。

图 1-217

12 使用"椭圆形"工具●绘制一个直径为26px的圆形，然后填充为浅蓝色（R:182，G:196，B:215）至稍微浅一些的浅蓝色（R:231，G:241，B:255）的渐变效果，"不透明度"为70%。设置"内阴影"为白色（R:255，G:255，B:255），"模糊"为1。在"高斯模糊"一栏中设置"半径"为1px，如图1-218所示。

13 选中小圆形，单击"旋转复制"按钮❋，在弹出的对话框中设置"副本数量"为6，单击"好"按钮，然后从中心处开始拖动显示的锚点并调整好位置，得到的图形效果如图1-219所示。

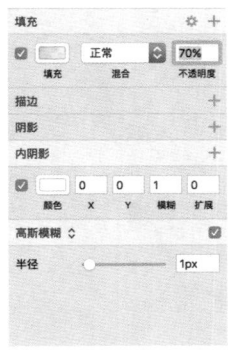

图 1-218

图 1-219

14 将顶部圆点复制一个放在顶部圆点的下方，然后填充为深黄色（R:213，G:163，B:118）至浅黄色（R:242，G:195，B:151）的渐变效果，在"高斯模糊"一栏中设置"半径"为1px，如图1-220所示。

图 1-220

15 使用"椭圆形"工具●绘制一个椭圆形，然后填充为白色（R:255，G:255，B:255），"不透明度"为82%，在"高斯模糊"一栏中设置"半径"为1px，如图1-221所示。

图 1-221

16 将顶部圆点复制一个放在黄色的圆点下方，然后填充为浅黄色（R:234，G:182，B:131），在"高斯模糊"一栏中设置"半径"为10px，如图1-222所示。

17 按照同样的操作方法，在按钮周围添加一些较小的圆形装饰，绘制好的图标效果如图1-223所示。

图 1-222   图 1-223

1.3.3 绘制"渐变色开关"图标

"渐变色开关"图标的绘制流程和完成效果如图1-224所示。

图 1-224

01 新建一个 916px × 710px 的画布，填充为紫色（R:247,G:108,B:255）至蓝紫色（R:92,G:0,B:255）的线性渐变效果，如图 1-225 所示。

图 1-225

02 绘制一个 512px × 512px 的圆角矩形，然后填充为淡紫色（R:254,G:250,B:255）至稍微深一些的淡紫色（R:245，G:242，B:246）的渐变效果，设置圆角"半径"为 90px，使用"左右居中对齐"工具≡和"垂直居中对齐"工具⊩将其进行对齐，如图 1-226 所示。

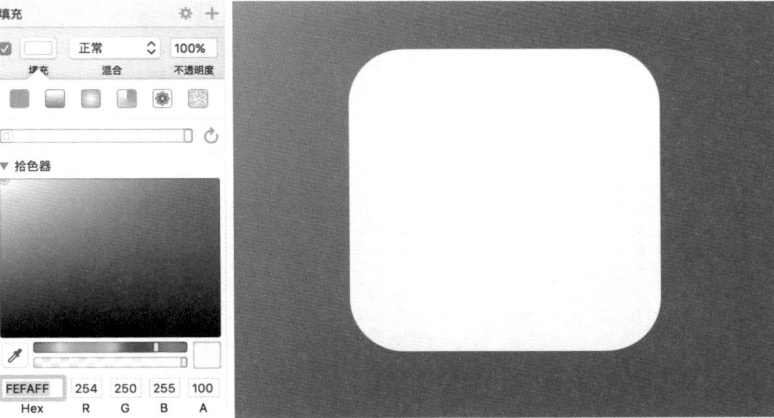

图 1-226

03 将上一步绘制好的圆角矩形复制一个，然后设置"内阴影"为浅紫色（R:245，G:187，B:255），"X"为 -1，"Y"为 -23，"模糊"为 20，"扩展"为 6，如图 1-227所示。

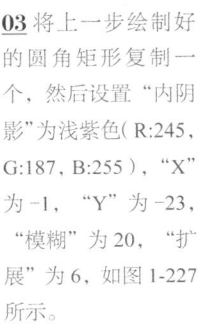

图 1-227

04 复制一个圆角矩形在上方，设置"内阴影"为白色（R:255，G:255，B:255），"Y"为5，"模糊"为18，如图1-228所示。

图 1-228

05 观察图形，阴影和高光在背景的对比下看起来不够明显。复制一个圆角矩形并放在底图和第1次绘制的圆角矩形中间，然后填充为深紫色（R:81，G:0，B:94），在"高斯模糊"一栏中设置"半径"为23px，如图1-229所示。

图 1-229

06 使用"椭圆形"工具 在画布中绘制一个直径为378px的圆形，然后填充"描边"为浅紫色（R:246，G:197，B:252）至蓝紫色（R:190，G:185，B:255）再至白色（R:255，G:255，B:255）的线性渐变效果，设置描边"粗细"为26px，如图1-230所示。

图 1-230

07 使用"椭圆形"工具 在画布中绘制一个直径为368px的圆形，然后填充为蓝色（R:0，G:198，B:255）至蓝色（R:0，G:198，B:255）再至紫色（R:192，G:6，B:234）的线性渐变效果，将该圆形与圆环居中对齐，如图1-231所示。

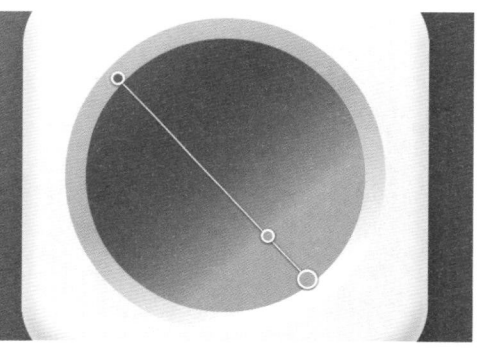

图 1-231

08 在画布中绘制一个直径为 386px 的圆形，然后将该圆形与圆环居中对齐，设置"内阴影"为深紫色（R:106，G:0，B:132），"X"为 4，"Y"为 7，"模糊"为 30，"扩展"为 9，如图 1-232 所示。

图 1-232

09 绘制一个直径为 417px 的圆形，然后填充为白色（R:255，G:255，B:255）至淡紫色（R:246，G:188，B:255）的渐变效果，设置描边"位置"为居中，"粗细"为 56px，将该圆形与圆环居中对齐。在"高斯模糊"一栏中设置"半径"为 4px，如图 1-233 所示。

图 1-233

10 绘制一个直径为 354px 的圆形，然后填充为紫色（R:236，G:79，B:255）至白色（R:255，G:255，B:255）的渐变效果，然后设置描边"位置"为居中，"粗细"为 2px，将该圆形与圆环居中对齐，最后在"高斯模糊"一栏中设置"半径"为 1px，如图 1-234 所示。

图 1-234

11 绘制两个直径为 24px 的圆形，选中一个圆形，设置圆形"颜色"为紫色（R:218，G:108，B:250），"位置"为居中，"粗细"为 2px，然后选中另一个圆形，将圆形填充为蓝色（R:0，G:229，B:255），设置"不透明度"为 74%，如图 1-235 所示。

图 1-235

12 绘制一个直径为213px的圆形，然后填充为浅灰色（R:247，G:247，B:247）至稍微深一些的浅灰色（R:230，G:230，B:230）的渐变效果，如图1-236所示。

13 绘制一个直径为153px的圆形，填充为白色（R:255，G:255，B:255）至浅灰色（R:232，G:232，B:232）的渐变效果，如图1-237所示。

图 1-236　　　　　　　　　　图 1-237

14 绘制一个直径为153px的圆形并放在小圆形的右下方，设置"阴影"为深紫色（R:87，G:0，B:126），"不透明度"为58%，"Y"为12，"模糊"为17，在"高斯模糊"一栏中设置"半径"为10px，如图1-238所示。

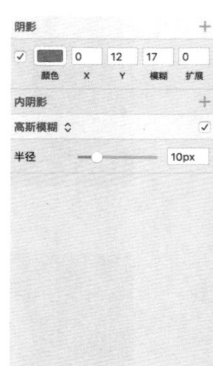

图 1-238

15 绘制一个直径为213px的圆形并放在大圆形的右下方，填充为深蓝色（R:0，G:97，B:165），然后在"高斯模糊"一栏中设置"半径"为10px，如图1-239所示。

16 绘制一个直径为112px的圆形并放在小圆形的上方，填充为白色（R:255，G:255，B:255）至淡紫色（R:251，G:206，B:255）的渐变效果，得到一个内陷效果，绘制好的图标如图1-240所示。

图 1-239　　　　　　　　　　　　　　　　　图 1-240

1.3.4 绘制"相机"图标

"相机"图标的绘制流程和完成效果如图 1-241 所示。

图 1-241

01 新建一个 916px × 710px 的画布，然后填充为白色（R:255，G:255，B:255）至浅灰色（R:215，G:215，B:213）的线性渐变效果，如图 1-242 所示。

图 1-242

02 使用"圆角矩形"工具■在画布中绘制一个 512px × 512px 的圆角矩形，填充为白色（R:255，G:255，B:255）至浅灰色（R:244，G:242，B:246）的线性渐变效果，然后设置圆角"半径"为 90px，使用"左右居中对齐"工具▥和"垂直居中对齐"工具▥ 将其进行对齐，如图 1-243 所示。

图 1-243

03 复制一个圆角矩形放在上方，然后设置"内阴影"为深紫色（R:42，G:10，B:73），"不透明度"为27%，"X"为-4，"Y"为-19，"模糊"为25，如图1-244所示。

图 1-244

04 复制一个圆角矩形放在上方，然后设置"内阴影"为白色（R:255，G:255，B:255），"Y"为5，"模糊"为18，如图1-245所示。

图 1-245

05 再次复制一个圆角矩形并放在底图和第1次绘制的圆角矩形中间，将该圆角矩形填充为深紫色（R:27、G:3、B:36），设置"不透明度"为39%，最后在"高斯模糊"一栏中设置"半径"为10px，如图1-246所示。

06 使用"椭圆形"工具  在画布中绘制一个直径为380px的圆形，填充为黑色（R:0，G:0，B:0），如图1-247所示。

图 1-246

图 1-247

07 绘制一个直径为 387px 的圆形，然后填充为白色（R:255，G:255，B:255）至浅灰色（R:209，G:209，B:209）的渐变效果，设置描边"位置"为居中，"粗细"为 30px，将该圆形与圆角矩形居中对齐，如图 1-248 所示。

图 1-248

08 绘制一个直径为 344px 的圆形，然后填充"描边"为浅灰色（R:178，G:183，B:184）至稍微亮一些的浅灰色（R:254，G:249，B:249）的渐变效果，设置"位置"为居中，"粗细"为 20px，将该圆形与圆角矩形居中对齐，设置"内阴影"为深灰色（R:27，G:23，B:38），"X"为 3，"Y"为 1，"模糊"为 3，"扩展"为 10，如图 1-249 所示。

图 1-249

09 绘制一个直径为 372px 的圆形，然后填充"描边"为浅灰色（R:231，G:231，B:231）至稍微亮一些的浅灰色（R:238，G:238，B:238）的渐变效果，设置描边"位置"为居中，"粗细"为 16px，将该圆形与圆角矩形居中对齐，最后在"高斯模糊"一栏中设置"半径"为 1px，如图 1-250 所示。

图 1-250

10 绘制一个直径为 414px 的圆形，然后设置"阴影"为深紫色（R:23，G:0，B:39），"不透明度"为 36%，"X"为 10，"Y"为 21，"模糊"为 1，将该圆形与圆角矩形居中对齐，最后在"高斯模糊"一栏中设置"半径"为 10px，如图 1-251 所示。

图 1-251

11 绘制一个直径为 414px 的圆形，然后设置"阴影"为深紫色（R:23，G:0，B:39），"不透明度"为 36%，"X"为 10，"Y"为 21，"模糊"为 4，将该圆形与圆角矩形居中对齐，在"高斯模糊"一栏中设置"半径"为 10px，如图 1-252 所示。

图 1-252

12 绘制一个直径为 424px 的圆形作为阴影，然后设置圆形"颜色"为浅紫色（R:96，G:56，B:121）至浅灰色（R:216，G:216，B:216）的线性渐变效果，"位置"为内部，"粗细"为 36px，将该圆形与圆角矩形居中对齐，在"高斯模糊"一栏中设置"半径"为 10px，如图 1-253 所示，得到的图形效果如图 1-254 所示。

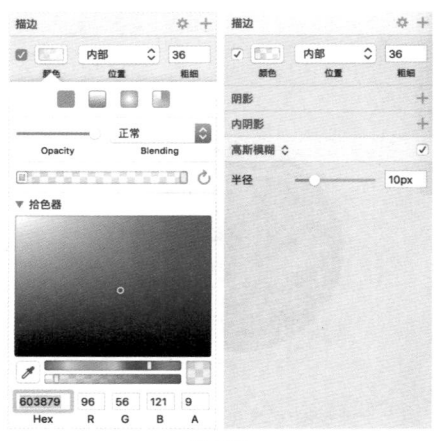

图 1-253

图 1-254

13 绘制一个直径为 352px 的圆形作为内阴影，填充"内阴影"为浅灰色（R:139，G:139，B:139），"不透明度"为35%，"Y"为4，"模糊"为2，将该圆形与圆角矩形居中对齐，如图 1-255 所示。

图 1-255

14 绘制一个直径为 352px 的圆形作为内反光,设置"内阴影"为白色（R:255,G:255,B:255），"不透明度"为37%，"模糊"为5，"扩展"为3，将该圆形与圆角矩形居中对齐，如图 1-256 所示。

图 1-256

15 绘制一个直径为 393px 的圆形，设置"描边"为灰紫色（R:52，G:46，B:65）至浅一些的灰紫色（R:77，G:64，B:81）的渐变效果，"位置"为居中，"粗细"为30px，将该圆形与圆角矩形居中对齐。设置阴影"颜色"为黑色（R:0,G:0,B:0），"不透明度"为66%，"Y"为2,"模糊"为4,如图 1-257所示。

图 1-257

<u>16</u> 绘制一个直径为 231px 的圆形，然后设置"描边"为紫灰色（R:41，G:34，B:54）至黑色（R:10，G:3，B:25）的线性渐变效果，"位置"为"居中"，"粗细"为 30px，将该圆形与圆角矩形居中对齐，如图 1-258 所示。

<u>17</u> 绘制一个直径为 212px 的圆形，然后填充为浅紫色（R:159，G:93，B:189）至深蓝色（R:4，G:15，B:56）的渐变效果，将该圆形与圆角矩形居中对齐，得到的图形效果如图 1-259 所示。

图 1-258

图 1-259

<u>18</u> 选中上一步绘制好的圆形，然后复制一个，设置"描边"为深灰色（R:52，G:46，B:65）至紫灰色（R:77，G:64，B:81）的渐变效果，"位置"为外部，"粗细"为 6px，将该圆形与圆角矩形居中对齐。设置"内阴影"为深紫色（R:37，G:15，B:54），"Y"为 1，"模糊"为 2，"扩展"为 5，如图 1-260 所示。

图 1-260

<u>19</u> 绘制一个直径为 181px 的圆形，然后填充为蓝色（R:11，G:63，B:81）至紫色（R:168，G:71，B:185）再至蓝紫色（R:83，G:32，B:150），最后至紫色（R:222，G:120，B:223）的线性渐变效果，将该圆形与圆角矩形居中对齐，最后设置"内阴影"为蓝紫色（R:14，G:0，B:44），"不透明度"为 77%，"X"为 -3，"Y"为 -3，"模糊"为 2，如图 1-261 所示，得到的图形效果如图 1-262 所示。

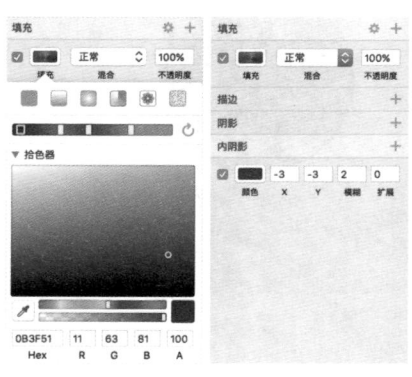

图 1-261

图 1-262

20 绘制一个直径为 140px 的圆形，然后填充为蓝色（R:95，G:185，B:216）至紫色（R:140，G:48，B:183）再至浅紫色（R:244，G:181，B:255），最后至深蓝色（R:19，G:35，B:123）的线性渐变效果，将该圆形与圆角矩形居中对齐，最后设置"内阴影"为紫色（R:84，G:36，B:108），"X"为 1，"Y"为 1，"模糊"为 3，"扩展"为 1，如图 1-263 所示，得到的图形效果如图 1-264 所示。

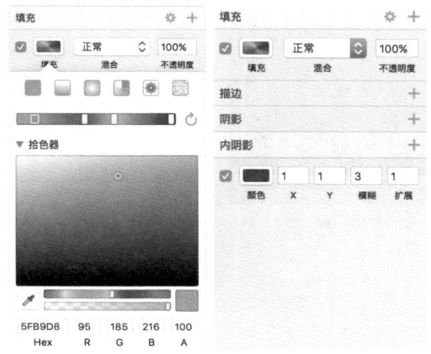

图 1-263

图 1-264

21 将上一步绘制好的图形复制一个，然后设置"内阴影"为淡紫色（R:233，G:170，B:249），"不透明度"为 35%，"X"为 1，"Y"为 1，"模糊"为 3，如图 1-265 所示。

图 1-265

22 绘制一个直径为 110px 的圆形，然后填充为紫色（R:230，G:106，B:235）至浅紫色（R:217，G:187，B:255）再至浅蓝色（R:163，G:231，B:255）的线性渐变效果，将该圆形与圆角矩形居中对齐。绘制两个内阴影效果，设置第 1 个"内阴影"为浅蓝色（R:245，G:244，B:255），"不透明度"为 24%，"Y"为 1，"模糊"为 3，然后设置第 2 个"内阴影"为深一些的蓝紫色（R:18，G:6，B:40），"不透明度"为 83%，"X"为 -2，"Y"为 -1，"模糊"为 3，如图 1-266 所示，得到的图形效果如图 1-267 所示。

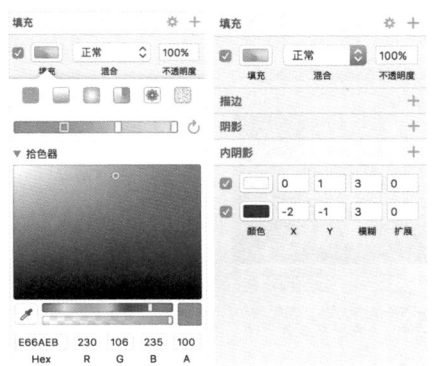

图 1-266

图 1-267

23 绘制一个直径为 81px 的圆形，然后为圆形填充紫色（R:234，G:82，B:241）至蓝紫色（R:112，G:74，B:177）再至浅蓝色（R:85，G:144，B:199）的线性渐变效果，将该圆形与圆角矩形居中对齐，如图 1-268 所示。

24 设置圆形"描边"为浅紫色（R:246，G:223，B:255）至浅蓝色（R:93，G:237，B:255）的线性渐变效果，"位置"为居中，"粗细"为 1px，"不透明度"为 23%，如图 1-269 所示。

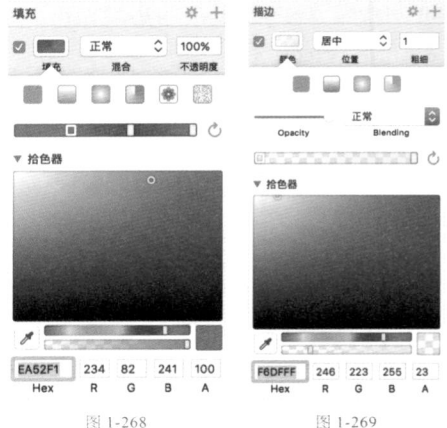

图 1-268　　　　　　　　图 1-269

25 为圆形添加两个内阴影。设置第 1 个"内阴影"为深紫色（R:89，G:46，B:114），"X"为 -1，"模糊"为 3，"不透明度"为 65%，然后设置第 2 个"内阴影"为深紫色（R:100，G:52，B:128），"X"为 1，"Y"为 1，"模糊"为 2，"扩展"为 1，"不透明度"为 70%，如图 1-270 所示，得到的图形效果如图 1-271 所示。

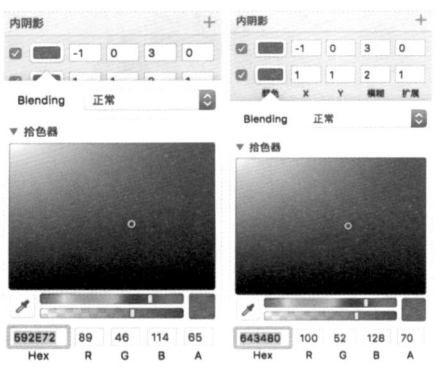

图 1-270

图 1-271

26 绘制一个直径为 50px 的圆形，然后为圆形填充紫色（R:176，G:74，B:215）至蓝紫色（R:148，G:83，B:213）再至蓝色（R:67，G:121，B:227）的线性渐变效果，将该圆形与圆角矩形居中对齐，如图 1-272 所示。

27 设置圆形的"描边"为浅紫色（R:246，G:223，B:255）至浅蓝色（R:93，G:237，B:255）的线性渐变效果，"位置"为居中，"粗细"为 1px，"不透明度"为 38%，如图 1-273 所示。

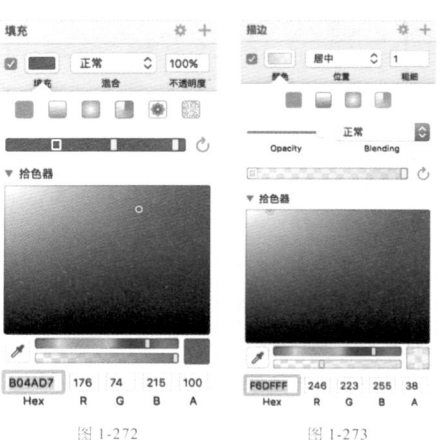

图 1-272　　　　　　　　图 1-273

28 设置"内阴影"为深紫色（R:100，G:52，B:128），"X"为2，"Y"为1，"模糊"为2，"扩展"为1，如图1-274所示。

图 1-274

29 绘制一个直径为26px的圆形，然后将圆形填充为黑色（R:0，G:0，B:0），设置"不透明度"为62%，设置"内阴影"为紫色（R:100，G:52，B:128），"X"为2，"Y"为1，"模糊"为2，"扩展"为1，将该圆形与圆角矩形居中对齐，如图1-275所示。

图 1-275

30 绘制一个直径为212px的圆形，然后将该圆形与圆角矩形居中对齐，填充为浅蓝色（R:187，G:240，B:255）至蓝紫色（R:25，G:4，B:64）再至紫色（R:242，G:175，B:245），最后至蓝色（R:22，G:30，B:126）的渐变效果，设置"混合模式"为"叠加"；设置"描边"为红色（R:153，G:4，B:103）至紫色（R:142，G:27，B:163）的渐变效果，"位置"为居中，"粗细"为1px，如图1-276所示。

图 1-276

31 添加第 1 个高光。绘制一个 102px×145px 的椭圆形，然后将椭圆形填充为白色（R:255，G:255，B:255）（"不透明度"为 70%）至白色（R:255，G:255，B:255）（"不透明度"为 10%）的线性渐变效果，在"高斯模糊"一栏中设置"半径"为 1px，如图 1-277 所示。

图 1-277

32 添加第 2 个高光。绘制一个 94px×90px 的椭圆形，然后填充为白色（R:255，G:255，B:255）（"不透明度"为 60%）至白色（R:255，G:255，B:255）（"不透明度"为 8%）的线性渐变效果，在"高斯模糊"一栏中设置"半径"为 1px，如图 1-278 所示。

33 按照上述同样的方法，添加第 3 个高光，根据需要设置参数，如图 1-279 所示。

图 1-278

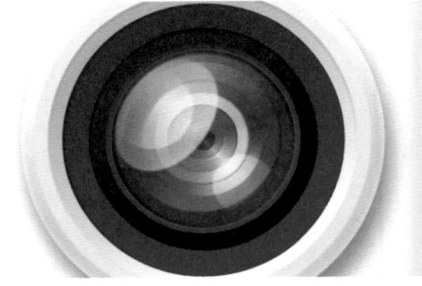

图 1-279

34 绘制一个直径为 62px 的圆形，然后填充为浅灰色（R:197，G:197，B:197）至浅一些的浅灰色（R:229，G:229，B:229）的线性渐变效果，设置"内阴影"为白色（R:255，G:255，B:255），"Y"为 -1，"模糊"为 3，如图 1-280 所示，得到的图形效果如图 1-281 所示。

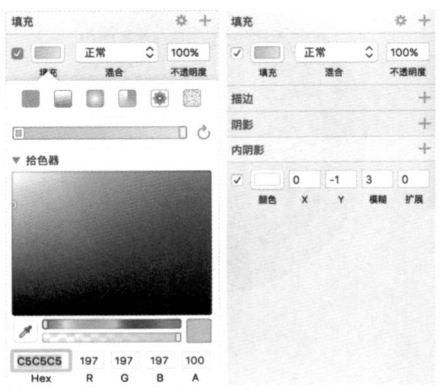

图 1-280

图 1-281

35 绘制一个直径为44px 的圆形，然后填充为红色（R:207，G:50，B:76）至橘红色（R:254，G:136，B:124）的渐变效果，设置圆形的"描边"为红色（R:198，G:12，B:23），"位置"为居中，"粗细"为2px，如图1-282所示。

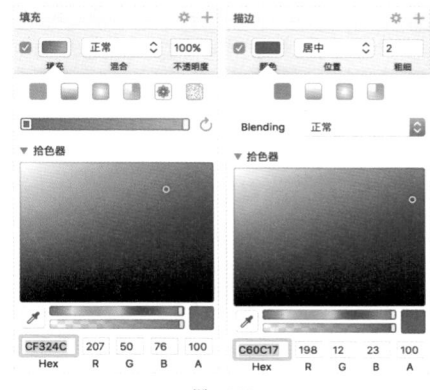

图 1-282

36 设置圆形的"阴影"为暗红色（R:135，G:0，B:6），"Y"为2，"模糊"为6，然后设置"内阴影"为白色（R:255，G:255，B:255），"不透明度"为28%，"Y"为 -2，"模糊"为3，如图1-283所示，得到的图形效果如图1-284所示。

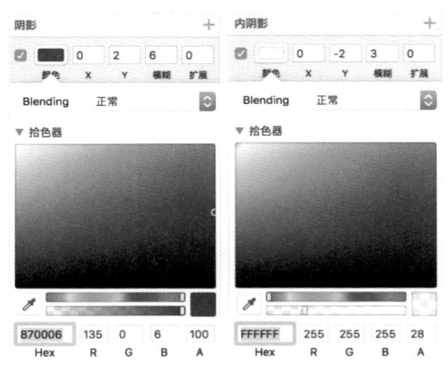

图 1-283

图 1-284

37 绘制一个直径为36px 的圆形，然后填充为红色（R:205，G:42，B:68）至浅红色（R:243，G:74，B:73）的渐变效果，在"高斯模糊"一栏中设置"半径"为1px，如图1-285所示，得到的图形效果如图1-286所示。

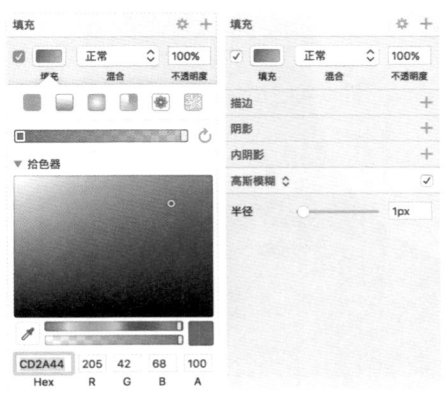

图 1-285

图 1-286

38 绘制一个直径为 30px 的圆形，然后填充为白色（R:255，G:255，B:255）至白色（R:255，G:255，B:255）的渐变效果，"不透明度"为 60%，如图 1-287 所示。

图 1-287

拓展练习：绘制一个拟物图标

绘制好的拟物图标效果如图 1-288 所示。

图 1-288

第 2 章

引导页设计

　　本章讲解 App 界面中引导页的绘制方法与技巧。案例包括"心沟通""爱护鲸鱼""海上日出""萌胖减重"引导页的制作。学习这些案例，可以提高设计者的色彩搭配能力和页面布局能力，从一定程度上提高 App 用户的转化率。

2.1 实战："心沟通"引导页的制作

  本案例是"心沟通"引导页设计项目。因为用户群体大多是渴望温暖的人，所以将界面风格设定为温馨。界面整体色调为红紫渐变效果，搭配白色的心形图案，画面整体视觉冲击力较强，令人过目不忘。引导页的绘制流程如图 2-1 所示，最终的引导页效果如图 2-2 所示。

图 2-1   图 2-2

2.1.1   绘制背景

  按快捷键 A 新建一个 375px×667px 的画布。使用"矩形"工具■（快捷键 R）绘制一个 375px×667px 的背景，然后填充为较深的蓝灰色（R:27，G:35，B:61），如图 2-3 所示。

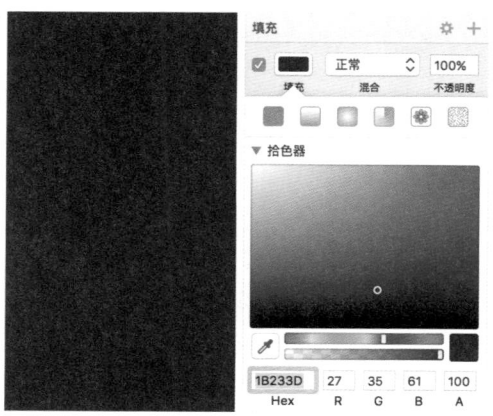

图 2-3

2.1.2   绘制图形装饰背景

01 用"椭圆形"工具 ● 绘制一个直径为 171px 的圆形，然后填充为紫色（R:110，G:46，B:163）至红色（R:228，G:39，B:120）的线性渐变效果，如图 2-4 所示。

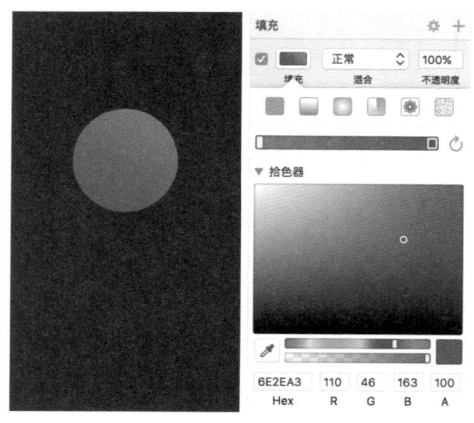

图 2-4

02 选中上一步绘制的圆形, 然后复制 3 个, 将这 3 个圆形等比例放大, 分别设置"不透明度"为 30%、20% 和 8%, 从前到后依次进行叠放, 使用"垂直居中对齐"╪将其与前面绘制的那个圆形对齐到背景层, 如图 2-5 所示。

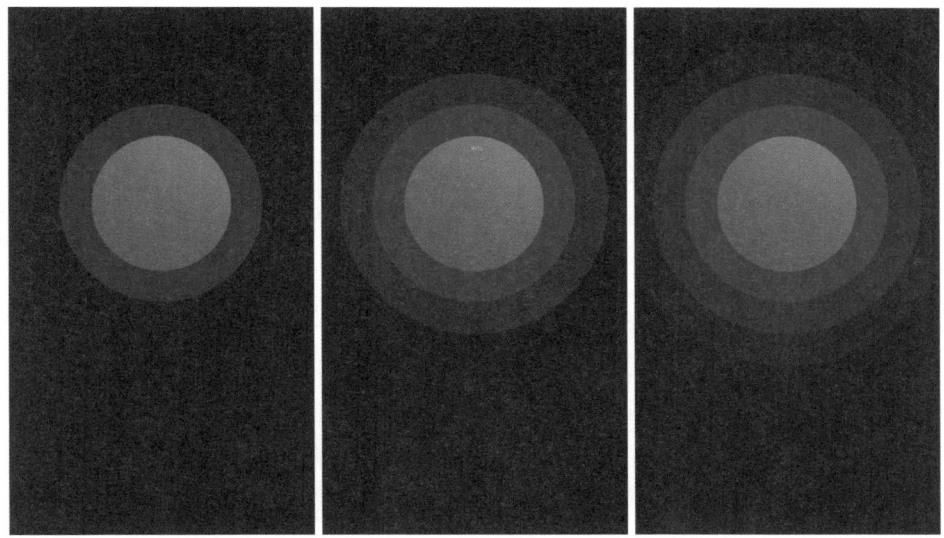

图 2-5

2.1.3 绘制心形图案

01 使用"钢笔"工具✐绘制一个三角形, 设置描边"颜色"为白色 (R:255, G:255, B:255), "粗细"为 1px, 如图 2-6 所示。双击最上方的锚点, 使其呈编辑状态, 如图 2-7 所示。单击"对称"图标🔀, 然后按快捷键 2 将图形调整至图 2-8 所示的效果。

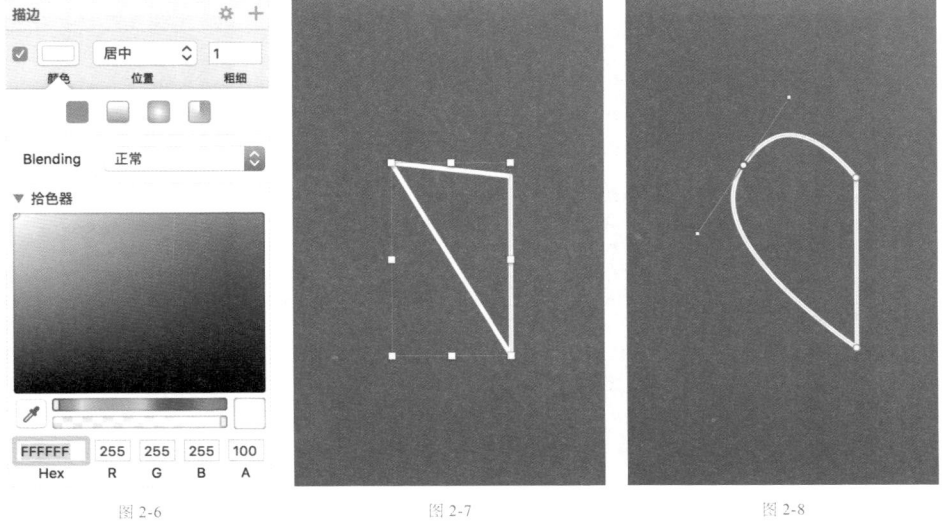

图 2-6   图 2-7   图 2-8

02 选中上一步绘制的三角形，然后复制一个，单击"左右翻转"图标 ，将其进行适当调整，使其与左边的三角形对称，拼接为一个心形，如图 2-9 所示。选中这两个图形，单击"合并形状"图标 ，将其进行合并，合并后的效果如图 2-10 所示，界面整体效果如图 2-11 所示。

图 2-9

图 2-10

图 2-11

2.1.4 添加文字

使用"文本"工具 为界面添加文字，文字颜色可以使用比背景浅一些的颜色，方便融合，如图 2-12 所示。

2.1.5 绘制翻页元素

在底部绘制 3 个直径为 10px 的圆形，然后设置描边"颜色"和"填充"均为白色（R:255、G:255、B:255），"位置"为居中，"粗细"为 1px，如图 2-13 所示。

图 2-12

图 2-13

2.1.6 制作立体效果

将做好的图形制作为手机的界面效果，如图 2-14 所示。

图 2-14

拓展练习：绘制一个以实物图为背景的引导页

制作好的引导页效果如图 2-15 所示。

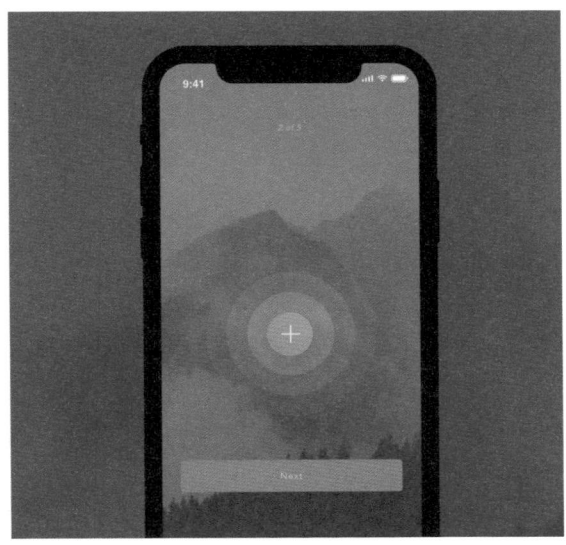

图 2-15

 实战："爱护鲸鱼"引导页的制作

本案例是"爱护鲸鱼"引导页设计项目。用户群体是保护动物主义者，为了体现出爱的温馨氛围，笔者将界面风格定位为柔和的少女风格，主色调选用粉色，并添入偏冷的紫色、蓝色和灰色与其搭配，呈现大自然的气息。为了让画面体现一些活泼感，界面内容主要围绕"一个女孩和鲸鱼相遇"。引导页的绘制流程如图 2-16 所示，最终的引导页效果如图 2-17 所示。

图 2-16

图 2-17

2.2.1 绘制背景

01 按快捷键 A 新建一个 375px × 667px 的画布。使用"矩形"工具■（快捷键 R）绘制一个 375px × 667px 的矩形背景，然后从上到下将矩形填充为浅蓝色（R:121,G:164,B:241）至淡紫色（R:219，G:196，B:130）再至浅粉色（R:235，G:205，B:227），最后至浅蓝紫色（R:197，G:186，B:232）的线性渐变效果，如图 2-18 所示。

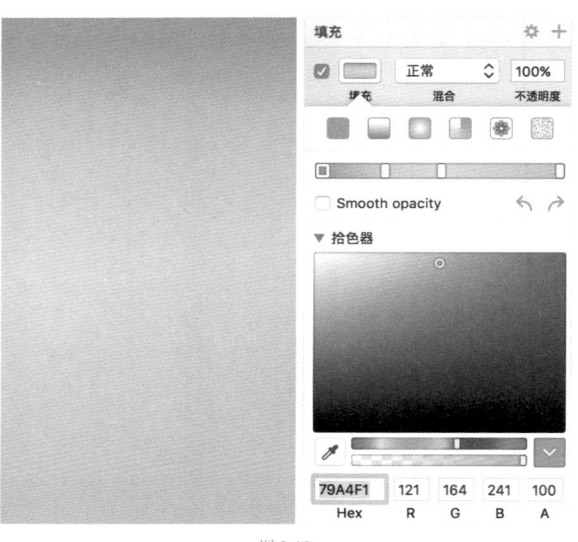

图 2-18

02 选择"椭圆形"工具 ● ，在背景图层上方绘制一个圆形，填充为白色（R:255，G:255，B:255）。选中这个圆形并复制多个，将这些圆形自由进行缩放变化处理，然后集中在界面的上方进行排放，作为背景上的星星，如图 2-19 所示。

03 选择"椭圆形"工具 ● ，在界面中绘制一个直径为 46px 的圆形，填充为白色（R:255，G:255，B:255）。选中这个圆形并复制一个，然后填充为灰色（R:216，G:216，B:216）并调整其到合适位置，选中这两个圆形，单击"减去顶层"按钮 ■ ，得到一个月牙图形，如图 2-20 所示。

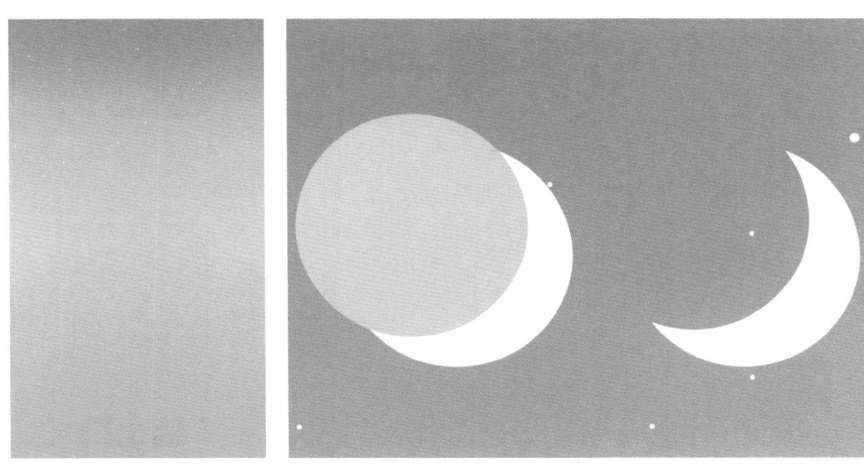

图 2-19   图 2-20

04 选中月牙图形，然后复制一个，"填充"为浅蓝色（R:232，G:239，B:255）。在"高斯模糊"一栏中设置"半径"为 10px，作为月牙的阴影，如图 2-21 所示。

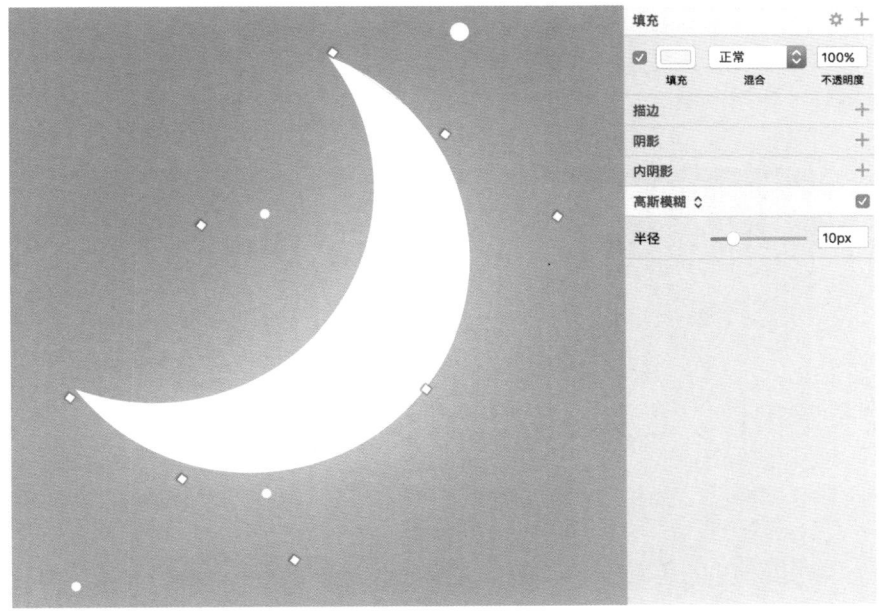

图 2-21

05 使用"钢笔"工具 绘制一个多边形，然后设置多边形描边"颜色"为白色（R:255，G:255，B:255），"位置"为居中，"粗细"为1px，将多边形填充为浅紫色（R:220，G:185，B:219）至浅粉色（R:254，G:237，B:237）的渐变效果，作为山脉，如图2-22所示。

图2-22

06 选中上一步绘制好的山脉图形，使其呈编辑状态，然后分别按快捷键1、快捷键2、快捷键3和快捷键4激活属性栏中的"直角"命令 、"对称"命令 、"断开连接"命令 、"不对称"命令 ，调整锚点到合适位置，调整山脉的形状，如图2-23所示。取消编辑，得到图2-24所示的界面效果。

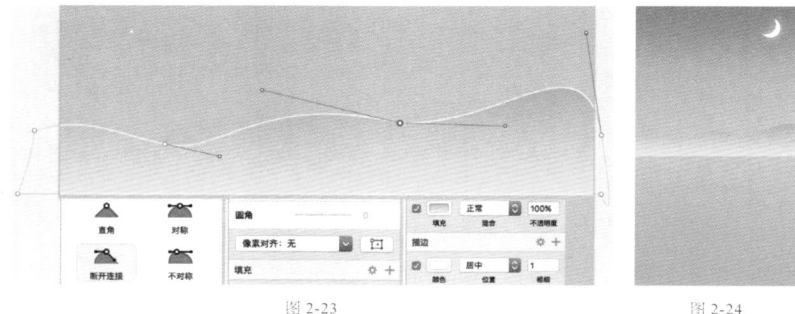

图2-23   图2-24

07 依照上一步的绘制方法，绘制出靠前的两个山脉。选中所有山脉图形，按快捷键Command+G进行打组，最后得到的界面整体效果如图2-25所示。

08 选中"山脉"图层组，然后复制一个并移至原山脉图形组的下方。单击"垂直翻转"工具 ，将复制的"山脉"图层组进行垂直翻转处理，设置"不透明度"为38%，调整好位置，作为山脉的倒影，得到的界面整体效果如图2-26所示。

图2-25   图2-26

2.2.2 绘制鲸鱼

01 使用"钢笔"工具 绘制一个多边形，然后从左上方到右下方，将多边形填充为浅粉色（R:226，G:190，B:223）至浅紫色（R:171，G:126，B:200），再至浅粉色（R:247，G:220，B:239）的线性渐变效果，作为鲸鱼的外形，如图 2-27 所示，得到的界面整体效果如图 2-28 所示。

图 2-27   图 2-28

02 双击上一步制作好的图形，使其进入编辑状态，然后分别按快捷键 1、快捷键 2、快捷键 3 和快捷键 4 激活属性栏中的"直角"命令 、"对称"命令 、"断开连接"命令 、"不对称"命令 ，调整锚点到合适位置，如图 2-29 所示。

03 使用"钢笔"工具 沿着鲸鱼的肚皮内侧绘制一个多边形，然后填充为接近白色的浅粉色（R:255，G:250，B:252），得到图 2-30 所示的界面效果。

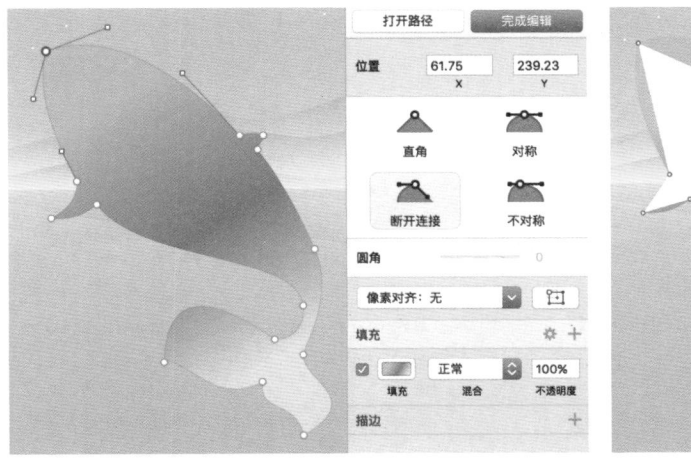

图 2-29   图 2-30

04 选中上一步绘制好的图形，双击鼠标，使其呈编辑状态，然后分别按快捷键1、快捷键2、快捷键3和快捷键4激活属性栏中的"直角"命令 ♠、"对称"命令 ⚊、"断开连接"命令 ⚊、"不对称"命令 ⚊，调整锚点到合适位置，如图2-31所示，得到的界面整体效果如图2-32所示。

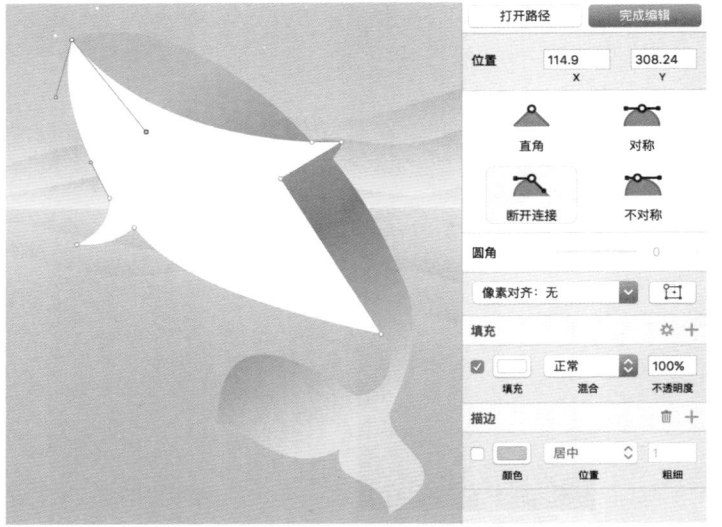

图 2-31   图 2-32

05 使用"钢笔"工具 ✐ 绘制几条直线，设置描边"颜色"为浅紫色（R:173，G:129，B:201），"位置"为居中，"粗细"为1px，如图2-33所示。

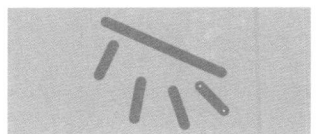

图 2-33

06 双击上一步绘制好的图形，使其呈编辑状态，然后分别按快捷键1、快捷键2、快捷键3和快捷键4激活属性栏中的"直角"命令 ♠、"对称"命令 ⚊、"断开连接"命令 ⚊、"不对称"命令 ⚊，调整锚点到合适位置，如图2-34所示，得到的界面整体效果如图2-35所示。

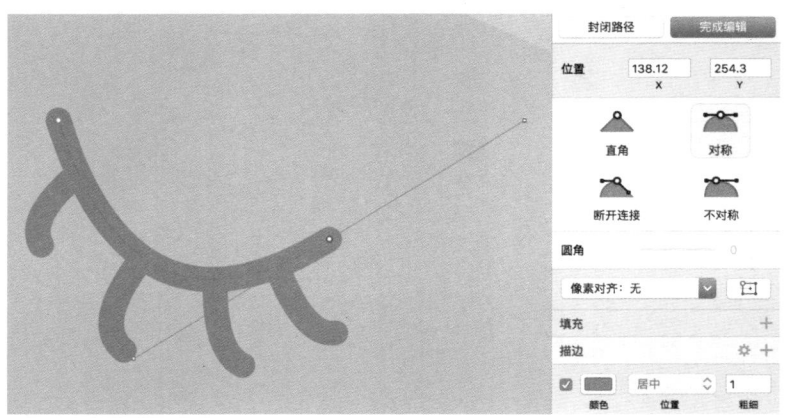

图 2-34   图 2-35

07 使用"矩形"工具▦绘制一个长方形，然后填充为浅粉色（R:240，G:219，B:226）至浅一些的浅粉色（R:206，G:190，B:231）的线性渐变效果，设置"不透明度"为66%，如图2-36所示。

08 选中长方形和鲸鱼图形，使用"蒙版"工具◑将长方形依附于鲸鱼图形，得到的界面整体效果如图2-37所示。

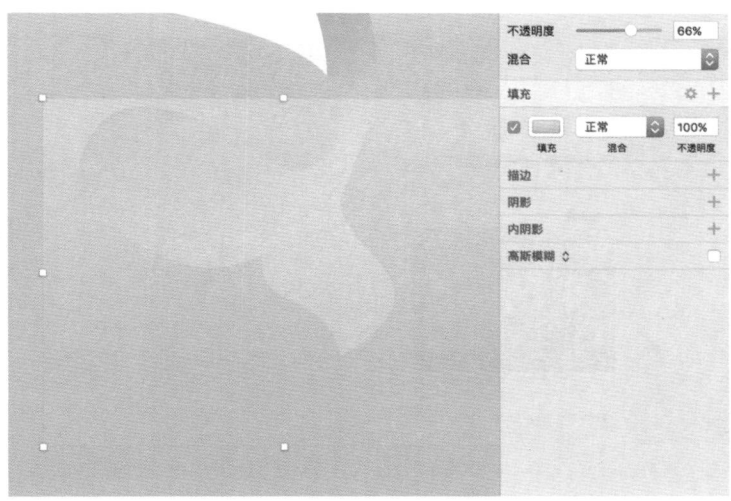

图 2-36

图 2-37

2.2.3 绘制桥头

01 使用"矩形"工具▦（快捷键R）绘制一个矩形，然后从上到下将矩形填充为浅紫色（R:248，G:214，B:247）至浅蓝紫色（R:198，G:187，B:231）的线性渐变效果，如图2-38所示。

02 双击矩形，使其呈编辑状态，依次选中顶部的第1个锚点和第2个锚点，将其向中间进行等距离移动，如图2-39所示。

图 2-38

图 2-39

03 再次使用"矩形"工具█绘制一个矩形，然后从上到下将矩形填充为浅紫色（R:147，G:129，B:188）至浅一点儿的浅紫色（R:176，G:160，B:227）的线性渐变效果，如图 2-40 所示，得到的界面整体效果如图 2-41 所示。

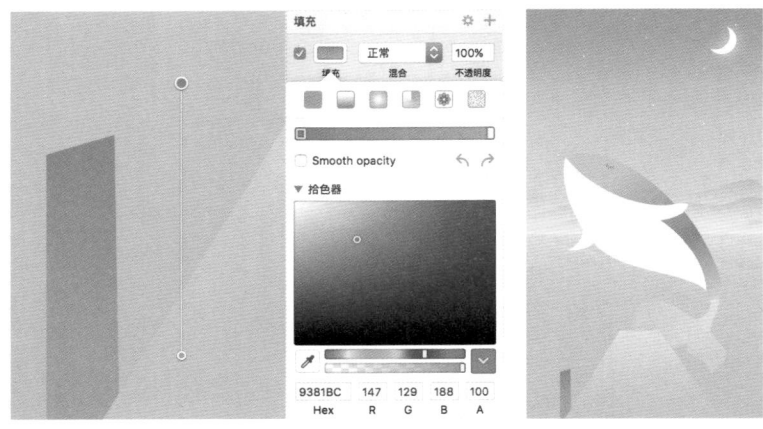

图 2-40　　　　　　　　　　　　　　　　图 2-41

04 将制作好的矩形复制 3 个，然后连同原来的矩形一起选中，按快捷键 Command+G 将其进行打组，如图 2-42 所示。

05 选中上一步创建好的图层组，然后复制一个并命名图层组为"桥梁 02"，选中"桥梁 02"图层组，单击"水平翻转"工具█，将该图层组进行水平翻转处理，并调整到合适位置，得到图 2-43 所示的界面效果。

图 2-42　　　　　　　　　　　　　　　　图 2-43

2.2.4 绘制小女孩

01 使用"钢笔"工具
绘制一个四边形，填充为
浅紫色（R:173，G:129，
B:201），如图 2-44 所示。

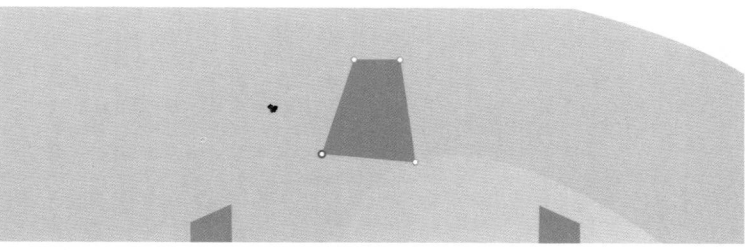

图 2-44

02 双击上一步绘制的四边形，使其呈编辑状态，然后分别按快捷键 1、快捷键 2、快捷键 3 和快捷键 4 激活属性栏中的"直角"命令、"对称"命令、"断开连接"命令、"不对称"命令，调整锚点到合适位置，得到的界面整体效果如图 2-45 所示。

03 使用"钢笔"工具绘制一个不规则图形，填充为白色（R:255，G:255，B:255），如图 2-46 所示。

图 2-45

图 2-46

04 双击上一步绘制好的图形，使其呈编辑状态，然后分别按快捷键 1、快捷键 2、快捷键 3 和快捷键 4 激活属性栏中的"直角"命令、"对称"命令、"断开连接"命令、"不对称"命令，调整锚点到合适位置，得到的界面整体效果如图 2-47 所示。

05 选择"钢笔"工具，按照以上同样的操作，绘制出女孩的裙子部分，如图 2-48 所示。

图 2-47

图 2-48

06 继续按照同样的操作，绘制出小女孩的四肢，填充为浅紫色（R:254，G:250，B:255），如图 2-49 所示。

07 绘制出鞋子部分，然后填充为浅紫色（R:254，G:248，B:255），如图 2-50 所示，得到的界面整体效果如图 2-51 所示。

图 2-49

图 2-50

图 2-51

2.2.5　添加倒影

01 选择所有星星图形，然后按快捷键 Command+G 将其打组，形成图层组，将图层组复制一个，单击"垂直翻转"工具，对其进行翻转，最后调整到界面中的合适位置，如图 2-52 所示。

02 选择月牙图形并复制一个，然后单击"垂直翻转"工具，将复制的月牙图形进行翻转处理，调整到界面中的合适位置，如图 2-53 所示。

图 2-52

图 2-53

2.2.6   添加文字和斜线

01 使用 "文本" 工具 **T** 在界面中添加一段文字，然后填充为白色（R:255，G:255，B:255），设置合适的字体样式，如图 2-54 所示。

02 使用 "钢笔" 工具 依照文字的走势绘制两条线，设置描边 "颜色" 为白色，"粗细" 为 1px，作为装饰线，如图 2-55 所示。

图 2-54

图 2-55

2.2.7   制作立体效果

将做好的图形制作为手机的界面效果，如图 2-56 所示。

图 2-56

拓展练习：绘制一个 "鲸鱼" 主题的引导页

制作好的引导页效果如图 2-57 所示。

图 2-57

2.3 实战："海上日出"引导页的制作

本案例是"海上日出"引导页设计项目。在构思过程中想到的元素有波涛汹涌的大海、日出等。为了增强画面的视觉冲击力，达到引人注目的目的，整个页面需要呈现一个冷暖色的对比效果，在配色中使用七分蓝紫色绘制波浪，使用三分橙红色绘制太阳。引导页的绘制流程如图 2-58 所示，最终的引导页效果如图 2-59 所示。

图 2-58

图 2-59

2.3.1 绘制波浪

01 按快捷键 A 新建一个 375px×667px 的画布，然后使用"椭圆形"工具 ● 在画布上方绘制一个直径为 238px 的圆形，如图 2-60 所示。

02 使用"钢笔"工具 在界面中绘制一个多边形，然后从上到下将多边形填充为亮蓝色（R:50，G:228，B:255）至暗一点儿的蓝色（R:0，G:163，B:255）的渐变效果，得到的界面整体效果如图 2-61 所示。

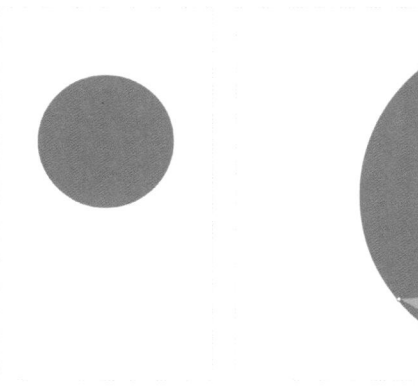

图 2-60

图 2-61

03 选中上一步绘制的图形，使其呈编辑状态，然后分别按快捷键 1、快捷键 2、快捷键 3 和快捷键 4 激活属性栏中的"直角"命令▲、"对称"命令 ▼ 、"断开连接"命令▲、"不对称"命令 ▼ ，调整锚点到合适位置，选中多边形和圆形，单击"蒙版"工具 ◉ ，使多边形依附于圆形，如图 2-62 所示。

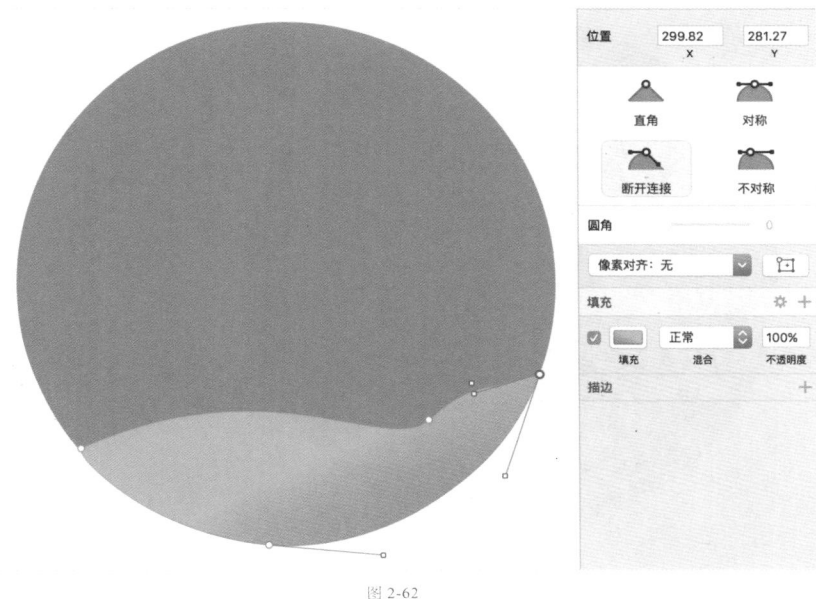

图 2-62

04 使用"钢笔"工具 ✐ 绘制一个多边形，然后从左上方到右下方将多边形填充为蓝色（R:0，G:185，B:255）至暗一点儿的蓝色（R:0，G:166，B:255）的渐变效果，选择"蒙版"工具 ◉ ，将这个多边形依附于圆形，如图 2-63 所示。

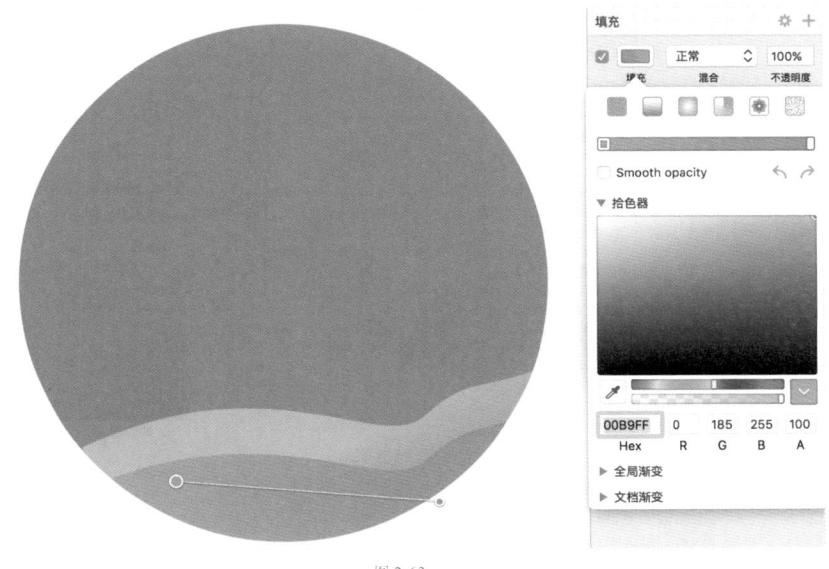

图 2-63

05 选中上一步制作好的多边形，使其呈编辑状态，然后分别按快捷键 1、快捷键 2、快捷键 3 和快捷键 4 激活属性栏中的"直角"命令 ⌃、"对称"命令 ⌃、"断开连接"命令 ⌃、"不对称"命令 ⌃，调整锚点到合适位置，如图 2-64 所示。

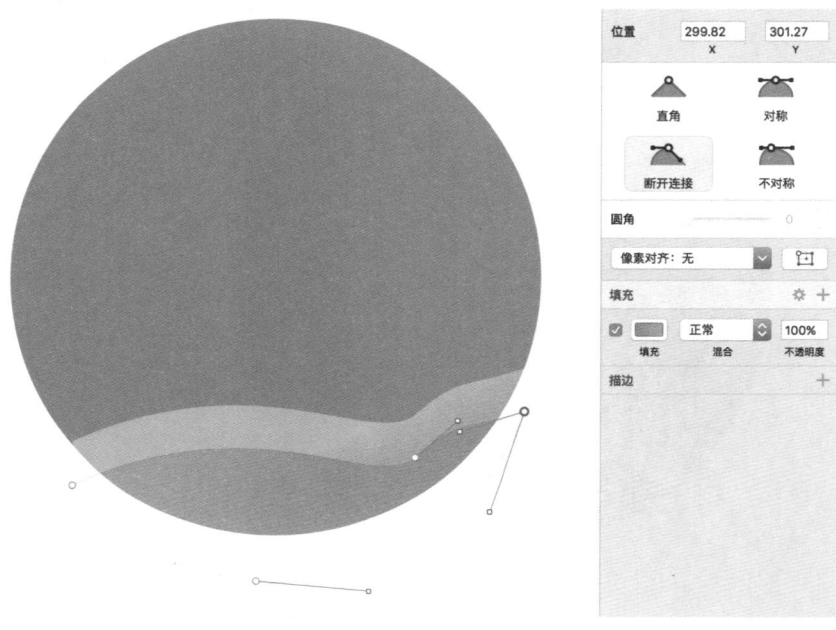

图 2-64

06 将前面制作的灰色圆形设置为无填充样式，然后使用"钢笔"工具 ✐ 绘制一个多边形，从左上方到右下方将圆形填充为浅紫色（R:253，G:184，B:255）至浅蓝色（R:87，G:148，B:255）的渐变效果，选择"蒙版"工具 ◉，使多边形依附于圆形，如图 2-65 所示。

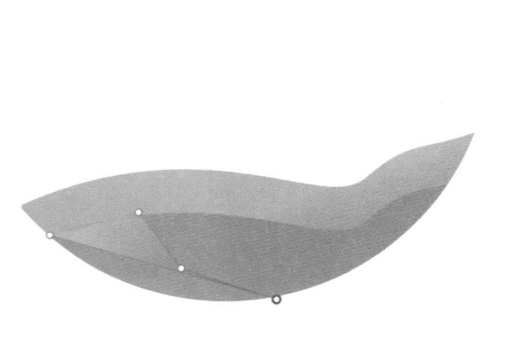

图 2-65

07 选中上一步绘制好的多边形，使其呈编辑状态，然后分别按快捷键 1、快捷键 2、快捷键 3 和快捷键 4 激活属性栏中的"直角"命令 、"对称"命令 、"断开连接"命令 、"不对称"命令 ，调整锚点到合适位置，如图 2-66 所示。

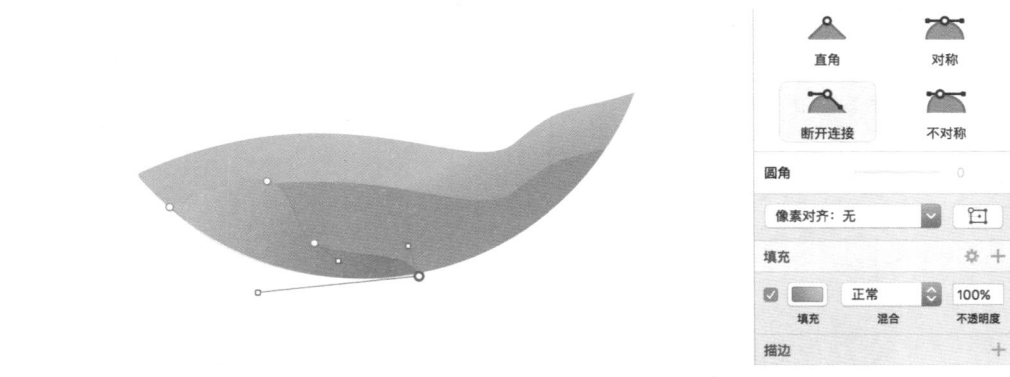

图 2-66

08 使用"钢笔"工具 绘制一个小一点儿的多边形，然后从左上方到右下方将多边形填充为浅紫色（R:254，G:202，B:255）至浅蓝色（R:101，G:155，B:251）的渐变效果，选择"蒙版"工具 ，使多边形依附于圆形，如图 2-67 所示。选中绘制好的多边形，使其呈编辑状态，然后分别按快捷键 1、快捷键 2、快捷键 3 和快捷键 4 激活属性栏中的"直角"命令 、"对称"命令 、"断开连接"命令 、"不对称"命令 ，调整锚点到合适位置，如图 2-68 所示，最后得到图 2-69 所示的界面效果。

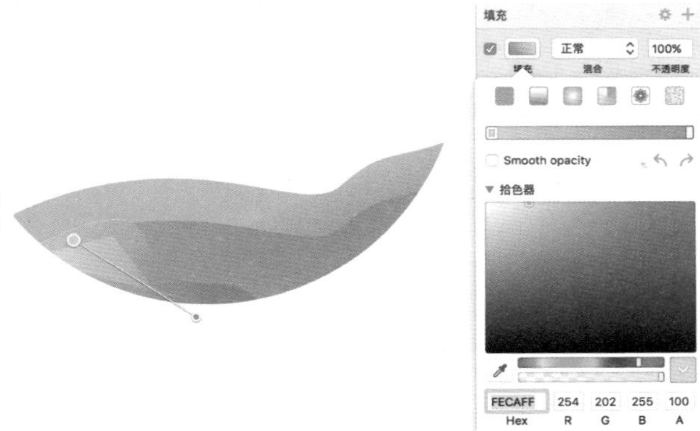

图 2-67

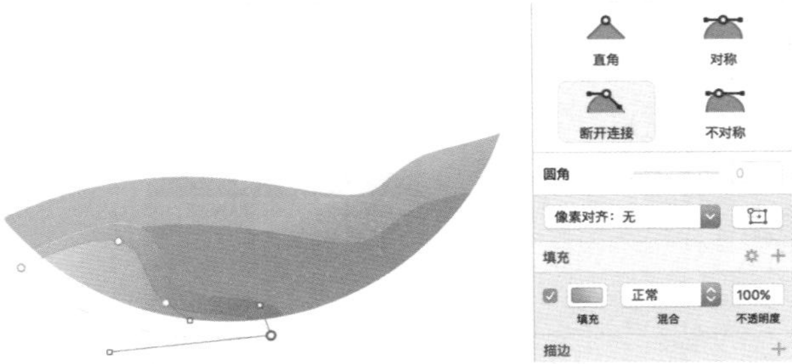

图 2-68

图 2-69

09 使用"钢笔"工具 ✐ 绘制一个多边形，然后从右上方到左下方将多边形填充为蓝绿色（R:109，G:253，B:218）至蓝色（R:0，G:176，B:238）的渐变效果，如图 2-70 所示。

10 在上一步绘制好的图形下方添加一个多边形，填充为蓝色（R:0，G:213，B:229）至深一点儿的蓝色（R:0，G:197，B:226）的渐变效果。选中这个多边形和上一步制作的多边形，然后选择"蒙版"工具 ◉，使这个多边形依附于上一步的多边形，得到图 2-71 所示的界面效果。

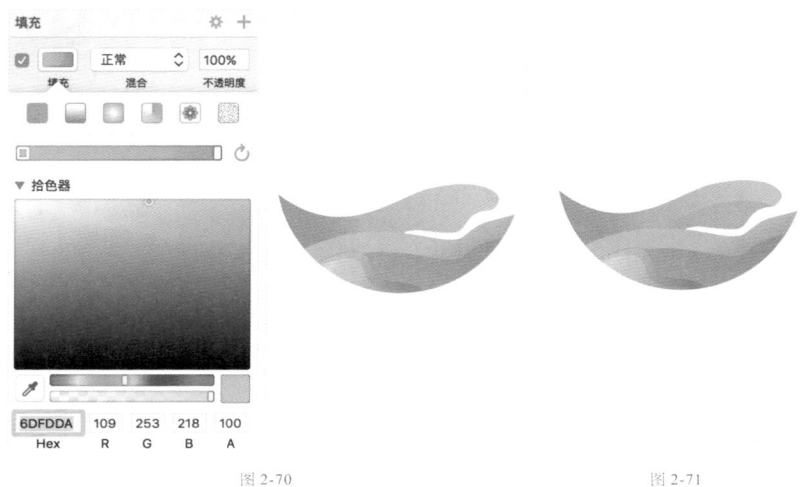

图 2-70   图 2-71

2.3.2   绘制太阳

01 使用"椭圆形"工具 ● 绘制一个圆形，然后从左上方到右下方将圆形填充为浅黄色（R:255，G:239，B:203）至浅紫色（R:255，G:126，B:231）的线性渐变效果，如图 2-72 所示。

图 2-72

02 使用"椭圆形"工具 ● 绘制一个大一点儿的圆形，然后填充为浅黄色（R:255，G:239，B:223），如图 2-73 所示。

图 2-73

03 绘制一个大一些的圆形，然后放在其他圆形的底部，填充为浅黄色（R:255，G:249，B:239），如图 2-74 所示。

图 2-74

2.3.3　绘制浪花

01 使用"椭圆形"工具 ● 在界面的左上方绘制一个圆形，然后从上到下将圆形填充为浅紫色（R:253，G:184，B:255）至浅蓝色（R:102，G:151，B:255）的线性渐变效果。将制作好的圆形复制一个，然后使用"旋转"工具 ● 将其旋转到合适位置，作为浪点效果，如图 2-75 所示。

02 选择浪点图形组，然后复制几个并修改渐变颜色，将它们旋转并移至界面中的合适位置，如图 2-76 所示。

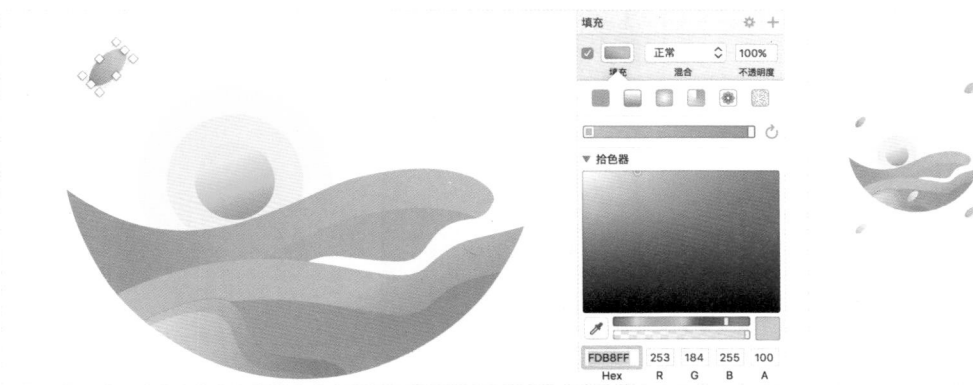

图 2-75　　　　　　　　　　　　　　　　　　　　图 2-76

2.3.4　添加文字

　　使用"文本"工具 T 为图片添加一些文字，然后设置为合适的字体样式，适当调整字体间距和字体颜色，得到的界面整体效果如图 2-77 所示。

图 2-77

2.3.5　制作立体效果

　　将做好的图形制作为手机的界面效果，如图 2-78 所示。

图 2-78

拓展练习：绘制一个与案例同类型的引导页

　　制作好的引导页效果如图 2-79 所示。

图 2-79

2.4 实战："萌胖减重"引导页的制作

本案例是"萌胖减重"引导页设计项目。页面整体风格偏卡通，为了使画面有一定的视觉冲击力，同样设定界面为冷暖色对比的效果，使用七分蓝色绘制海水，使用少量粉色绘制救生圈，用少量淡黄色绘制卡通人物。引导页的绘制流程如图 2-80 所示，最终的引导页效果如图 2-81 所示。

图 2-80

图 2-81

2.4.1 绘制海浪

01 按快捷键 A 新建一个 375px×667px 的画布，然后使用"矩形"工具（快捷键 R）绘制一个 375px×667px 的背景，填充为白色（R:255，G:255，B:255）。选择"钢笔"工具，在背景图层上方绘制一个多边形，然后从上到下将多边形填充为蓝绿色（R:103，G:240，B:227）（"不透明度"为 80%）至蓝色（R:39，G:190，B:243）（"不透明度"为 100%）的线性渐变效果，如图 2-82 所示。

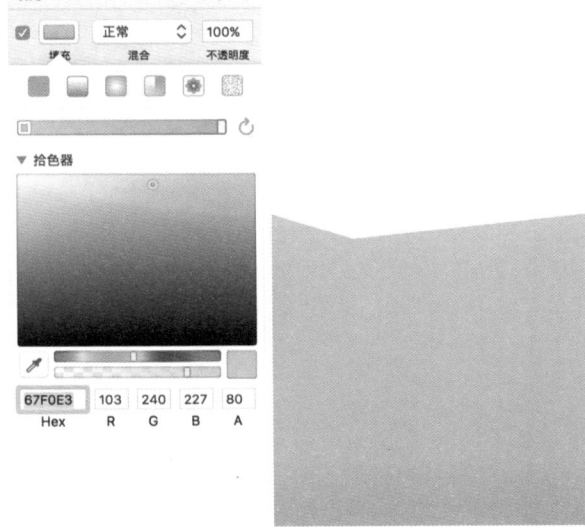

图 2-82

02 双击上一步制作好的多边形，使其呈编辑状态，然后分别按快捷键 1、快捷键 2、快捷键 3 和快捷键 4 激活属性栏中的"直角"命令 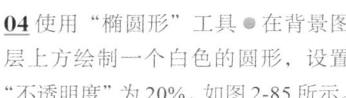、"对称"命令 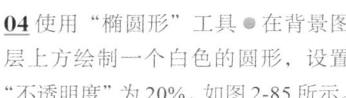、"断开连接"命令 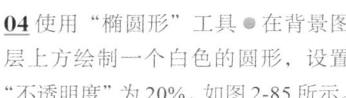、"不对称"命令 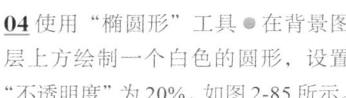，调整锚点到合适位置，得到的界面整体效果如图 2-83 所示。

03 使用"钢笔"工具 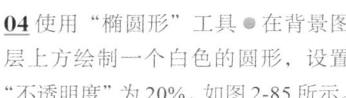 绘制一个不规则图形，然后选中上一步绘制的图形，单击鼠标右键，选择"拷贝样式"选项，复制图形样式。选中刚绘制的不规则形状，同样单击右键，选择"粘贴样式"选项，将上一步绘制的图形的形状样式复制到这个不规则形状中，设置这个不规则图形的"不透明度"为 42%，得到图 2-84 所示的界面效果。

图 2-83 　　　　　　　　　　　　　　图 2-84

04 使用"椭圆形"工具 ● 在背景图层上方绘制一个白色的圆形，设置"不透明度"为 20%，如图 2-85 所示。

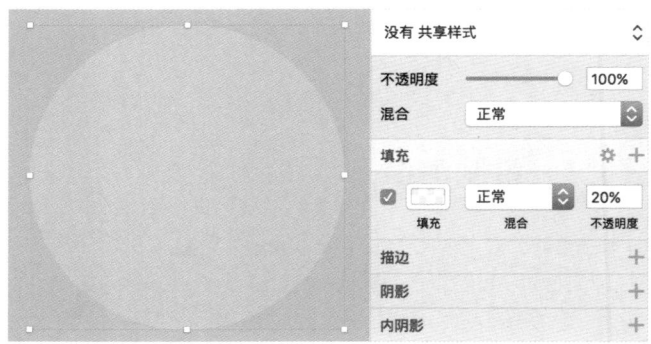

图 2-85

05 将上一步绘制的白色的圆形复制一个，取消填充颜色，然后设置描边"颜色"为白色（R:255，G:255，B:255），"位置"为居中，"粗细"为 0.5px，最后在"高斯模糊"一栏中设置"半径"为 1px，如图 2-86 所示。

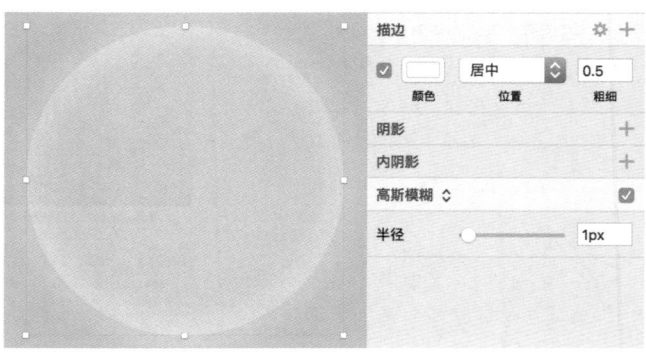

图 2-86

06 使用"椭圆形"工具 ● 在最上方绘制一个圆形，填充为白色（R:255，G:255，B:255），设置为无描边样式，如图 2-87 所示。

07 选中前面绘制好的 3 个圆形，然后按快捷键 Command+G 将其打组，将图层组复制多个，进行不同程度的缩放，适当调整其透明度，将它们移至界面中的合适位置，得到的界面整体效果如图 2-88 所示。

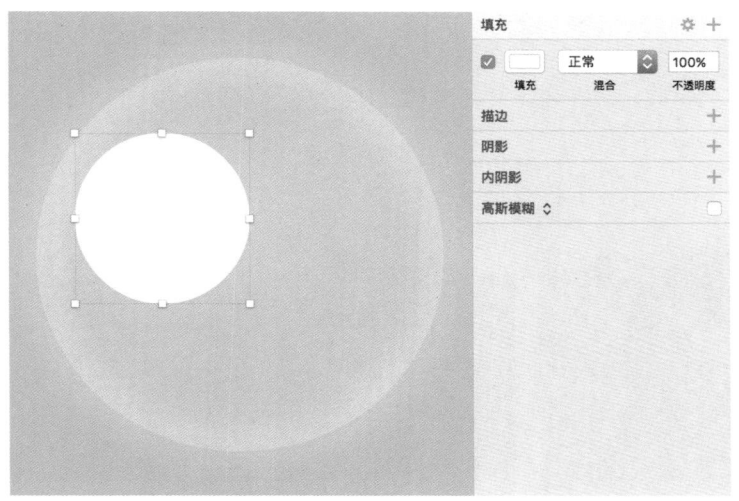

图 2-87

图 2-88

2.4.2 绘制救生圈

01 使用"钢笔"工具 绘制一个多边形，然后填充为红色（R:253，G:119，B:153），将该图层置于"海水"图层和"另一个海水"图层的中间位置，如图 2-89 所示。

02 选中"救生圈"图层，使其呈编辑状态，然后分别按快捷键 1、快捷键 2、快捷键 3 和快捷键 4 激活属性栏中的"直角"命令 、"对称"命令 、"断开连接"命令 、"不对称"命令 ，调整锚点到合适位置，得到的界面整体效果如图 2-90 所示。

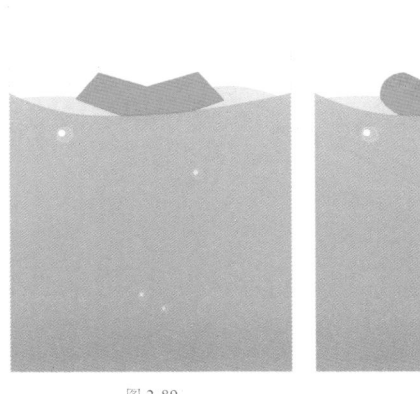
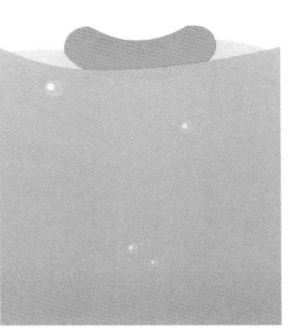

图 2-89

图 2-90

03 使用"钢笔"工具 ✐ 沿着救生圈的内侧绘制一个形状，然后填充为浅粉色（R:255，G:137，B:169），作为高光，选中这个高光和救生圈图形，单击"蒙版"工具 ◼，将高光依附于救生圈图形，如图 2-91 所示。

04 按照以上方法绘制下一个高光，适当更改其颜色，使其显得更亮，与上一个高光形成一定的层次感，如图 2-92 所示。

05 选择"椭圆形"工具 ● ，然后绘制两个大小不一的白色的小圆形，命名为"高光"，设置为无描边样式，得到图 2-93 所示的高光点效果。

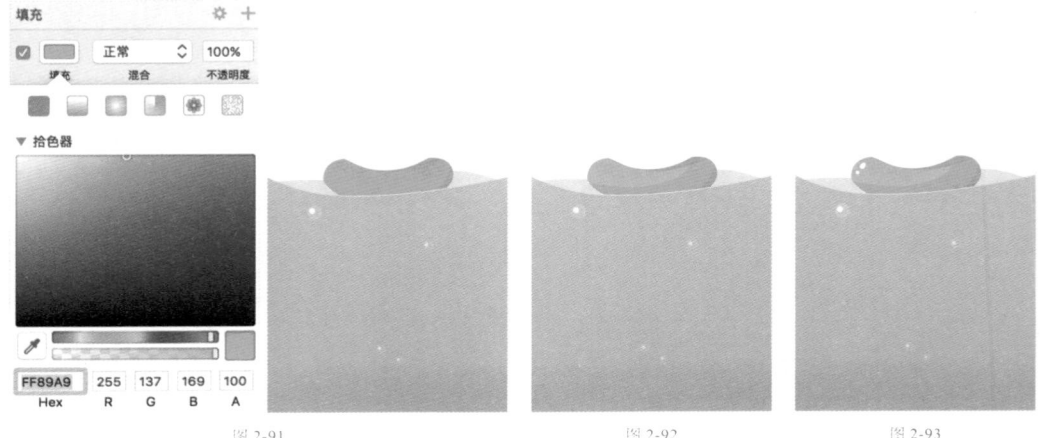

图 2-91　　　　　　　　图 2-92　　　　　　　　图 2-93

2.4.3　绘制卡通人物

01 使用"钢笔"工具 ✐ 绘制一个不规则的多边形，然后填充为浅黄色（R:255，G:245，B:218），设置描边"颜色"为暗黄色（R:173，G:155，B:137），"位置"为居中，"粗细"为 1.5px，如图 2-94 所示。

02 双击上一步绘制好的多边形，使其呈编辑状态，然后分别按快捷键 1、快捷键 2、快捷键 3 和快捷键 4 激活属性栏中的"直角"命令 ⌂、"对称"命令 ⌂ 、"断开连接"命令 ⌂ 、"不对称"命令 ⌂ ，调整锚点到合适位置，如图 2-95 所示。

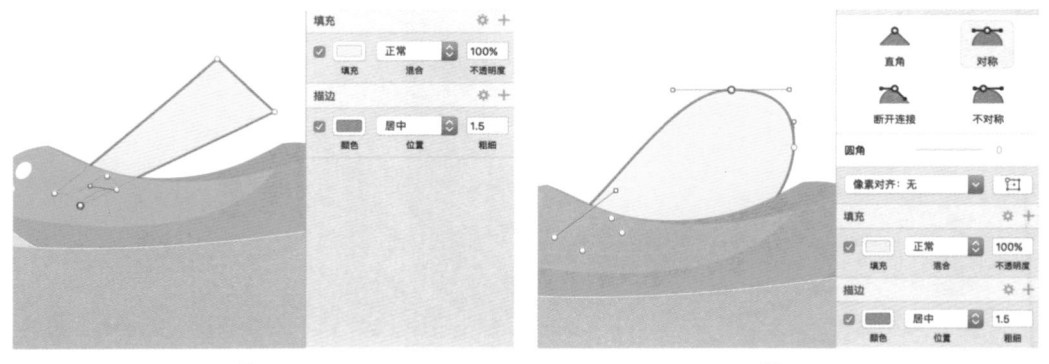

图 2-94　　　　　　　　图 2-95

03 按照绘制身体的方法，将卡通人物的两只手画出来，如图 2-96 所示。

04 使用"椭圆形"工具 ● 绘制一个圆形，然后填充为深灰色（R:40，G:40，B:40），设置为无描边样式，调整到合适位置，作为卡通人物的眼睛，如图 2-97 所示。

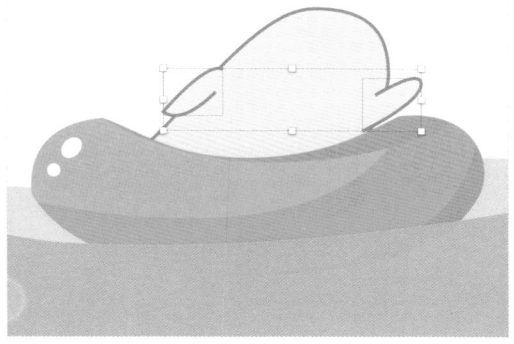

图 2-96   图 2-97

05 选中上一步绘制的眼睛并将其复制一个，然后单击"水平翻转"工具 ，将其进行水平翻转处理并移至界面中的合适位置，作为卡通人物的另一只眼睛，如图 2-98 所示。

06 按照同样的操作，将卡通人物的嘴巴绘制出来，如图 2-99 所示。

图 2-98   图 2-99

07 使用"钢笔"工具 绘制一条曲线，然后设置描边"颜色"为暗黄色（R:173，G:155，B:137）， "位置"为居中，"粗细"为1.5px。将曲线复制几个，双击这些曲线，使其进入编辑状态，然后分别按快捷键1、快捷键2、快捷键3和快捷键4激活属性栏中的"直角"命令 、"对称"命令 、"断开连接"命令 、"不对称"命令 ，调整锚点到合适位置，如图2-100所示。

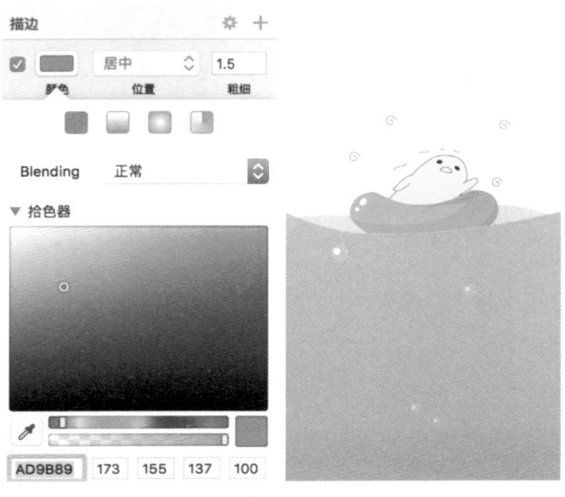

图 2-100

2.4.4　添加小黄鸭

01 使用"钢笔"工具 结合"椭圆形"工具 绘制出小黄鸭的形状，然后将小黄鸭的身体填充为黄色（R:238，G:207，B:107），将鸭头填充为浅黄色（R:236，G:221，B:154），如图2-101所示。

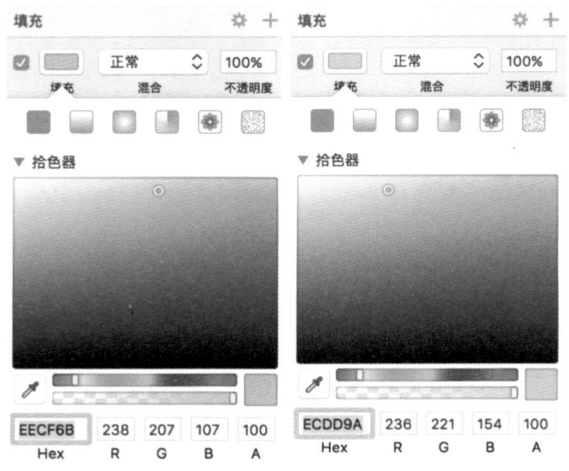

图 2-101

02 将鸭嘴填充为深黄色（R:247，G:167，B:50），然后将眼睛填充为暗黄色（R:133，G:106，B:22），如图 2-102 所示，得到的界面整体效果如图 2-103 所示。

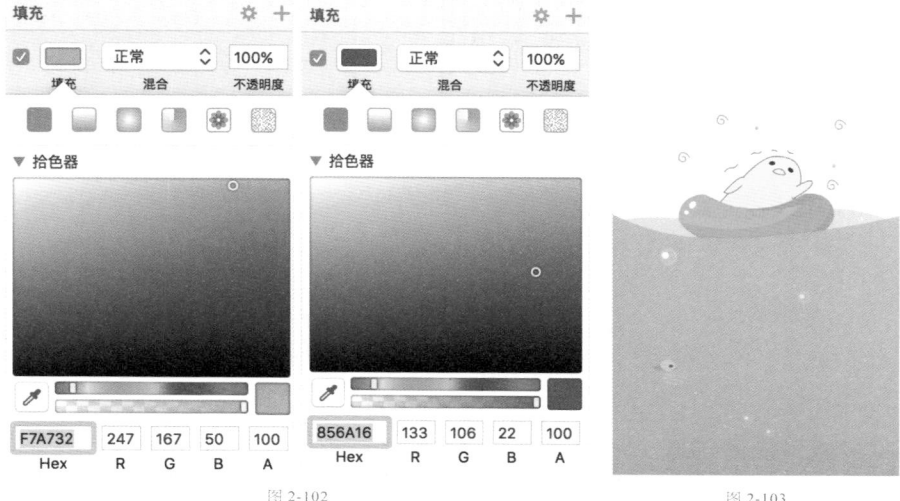

图 2-102　　　　　　　　　　　　　　　　　图 2-103

2.4.5　添加文本

使用"文本"工具 T 为界面添加一些文字，设置合适的字体样式，适当调整文字间距和文字的颜色，得到的界面整体效果如图 2-104 所示。

图 2-104

2.4.6 制作立体效果

将做好的图形制作为手机的界面效果，如图 2-105 所示。

图 2-105

拓展练习：绘制一个"中秋赏月"主题的引导页

制作好的引导页效果如图 2-106 所示。

图 2-106

主 页 设 计

　　本章讲解 App 界面中主页的绘制技巧与方法，包括相机主页、酷炫音乐播放器主页、极简音乐播放器主页、微故事主页、推荐文章主页及直播主页的制作。因为前面已经用较多的篇幅讲解图标的绘制，所以在本章中关于图标的绘制不涉及绘制过程，只讲解如何应用。

3.1 实战：相机主页的制作

本案例是相机 App 的主页设计项目。为了使界面看起来更时尚和年轻化，采用了渐变配色。主页的绘制流程如图 3-1 所示，最终的主页效果如图 3-2 所示。

图 3-1

图 3-2

3.1.1 绘制背景

按快捷键 A 新建一个 375px×667px 的画布，然后使用"矩形"工具▓（快捷键 R）绘制一个 375px×667px 的背景，填充为白色（R:255，G:255，B:255），将一张合适的图片拖至界面中，如图 3-3 所示。

图 3-3

3.1.2　绘制操作栏图标

01 使用"矩形"工具■（快捷键R）绘制几个矩形，作为定界框。其中黑色矩形代表页边距定界框，宽度为20px；灰色矩形代表操作栏定界框，顶部的尺寸为375px×40px，底部的尺寸为375px×86px；蓝色矩形代表图标定界框，顶部的尺寸为22px×22px，底部的尺寸为40px×40px、70px×70px和40px×40px，如图3-4所示。

02 将准备好的"相机"主图标放到底部操作栏的定界框内，如图3-5所示。

图 3-4　　　　　　　　　　　　　　　图 3-5

03 使用"椭圆形"工具●在操作栏左侧的定界框内绘制一个圆形，然后拖入一张图片，选中圆形和图片，单击"蒙版"工具●，使图片依附于该圆形，得到图3-6所示的界面效果。

04 将剩下的其他图标放到对应的定界框内，得到的界面效果如图3-7所示。

图 3-6　　　　　　　　　　　　　　　图 3-7

<u>**05**</u> 选中顶部的灰色定界框，然后填充为白色（R:255，G:255，B:255），设置"不透明度"为59%，选中底部的灰色定界框，并为这个定界框填充蓝色（R:107，G:151，B:255）至紫色（R:248，G:187，B:255）的线性渐变效果，如图3-8所示，得到的界面效果如图3-9所示。

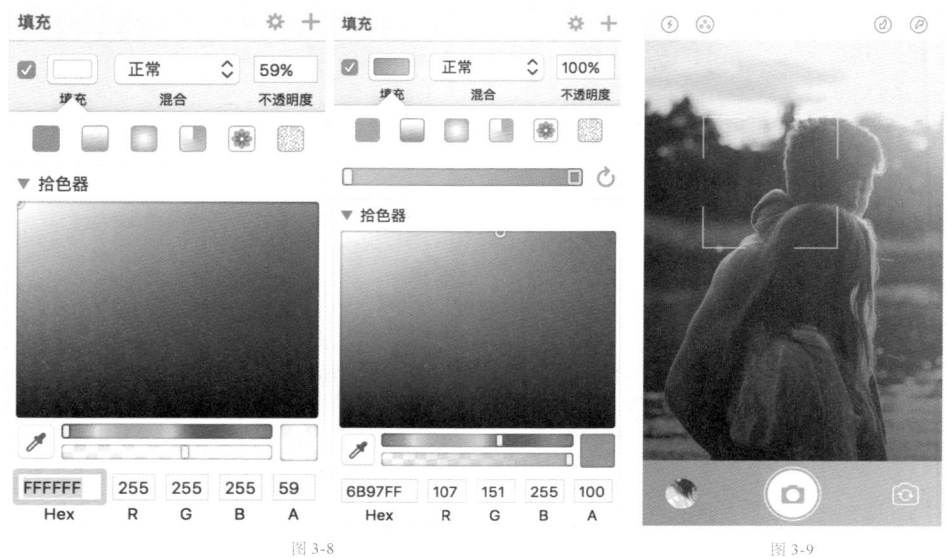

图3-8　　　　　　　　　　　　　　　　　　　图3-9

3.1.3　制作立体效果

将做好的图形制作为手机的界面效果，如图3-10所示。

图3-10

拓展练习：绘制一个黑色效果的相机主页

绘制好的主页效果如图3-11所示。

图3-11

3.2 实战：酷炫音乐播放器主页的制作

本案例是酷炫音乐播放器的主页设计项目，风格简洁。为了使界面看起来通透、大气，笔者将其定位为全屏的界面效果。因为委托方要求效果酷炫，所以配色上主要使用黑色和黄色。主页的绘制流程如图 3-12 所示，最终的主页效果如图 3-13 所示。

图 3-12

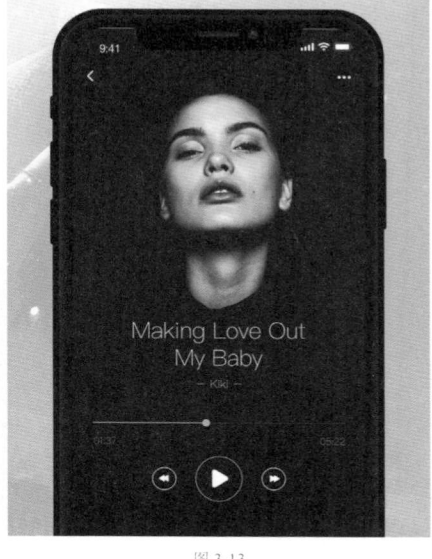

图 3-13

3.2.1 绘制背景

按快捷键 A 新建一个 375px×667px 的画布。使用"矩形"工具▇（快捷键 R）绘制一个 375px×667px 的背景层，"填充"颜色为黑色（R:0、G:0、B:0），如图 3-14 所示。

图 3-14

3.2.2 编辑图片

<u>01</u> 将一张黑白图片拖入界面，将其调整到合适大小，如图 3-15 所示。

图 3-15

02 仔细观察图片，发现图片有些发白。打开属性面板，在"颜色调整"一栏中设置"饱和度"为1，"对比度"为1.11，增强界面的黑白对比，如图3-16所示。

03 使用"矩形"工具■在界面上方绘制一个375px×667px的矩形，然后填充为黑色（R:0，G:0，B:0）（"不透明度"为0%）至黑色（R:0，G:0，B:0）（"不透明度"为100%）的渐变效果，如图3-17所示。

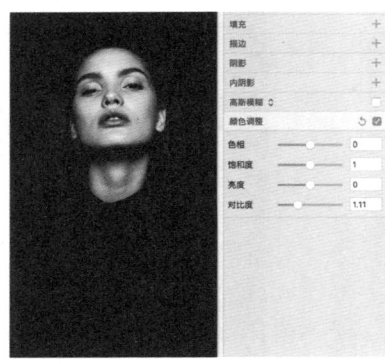 

图 3-16　　　　　　　　　　　　　　　　　图 3-17

3.2.3　绘制状态栏和操作栏的图标

01 使用"矩形"工具■（快捷键R）绘制几个矩形，作为定界框。其中深灰色矩形代表顶部状态栏和页边距定界框，顶部状态栏的高度为20px，页边距定界框宽度为16px；中灰色矩形代表图标定界框，尺寸为19px×19px；浅灰色矩形代表操作栏定界框，底部操作栏的高度为375px×62px，顶部操作栏的尺寸为375px×44px，如图3-18所示。

02 使用"椭圆形"工具●和"钢笔"工具✐将顶部状态栏左右两边的图标形状绘制出来，然后填充为白色（R:255，G:255，B:255），设置"位置"为居中，"粗细"为2px，如图3-19所示。

03 选中所有定界框，然后单击"描边"选项栏中的"设置"按钮，设置"端点"和"转折点"为圆滑效果，如图3-20所示。

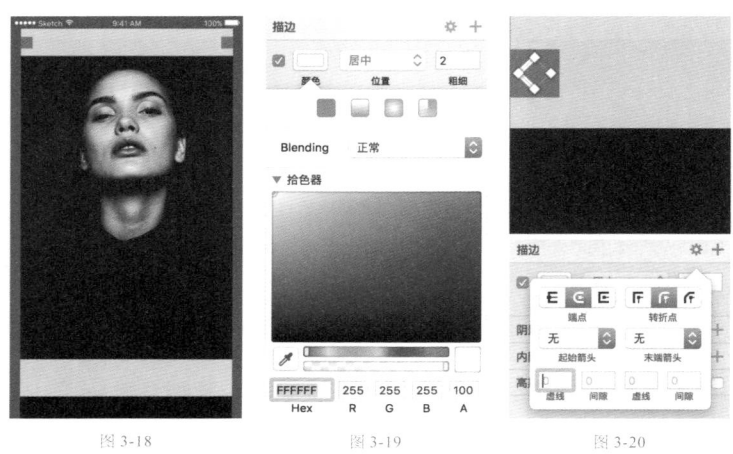

图 3-18　　　　　　　　　图 3-19　　　　　　　　　图 3-20

04 使用 "圆角矩形" 工具■和 "椭圆形" 工具●将操作栏的图标形状绘制出来，然后填充为白色（R:255，G:255，B:255），如图3-21、图3-22和图3-23所示。

05 将左右两边的箭头指示图标也绘制出来，然后将底部的3个图标打组，选中组与背景图层，使用 "左右居中对齐" 工具▮和 "垂直居中对齐" 工具▤将其与背景层对齐，如图3-24所示。

图 3-21

图 3-22

图 3-23

图 3-24

3.2.4 绘制播放器

01 使用 "钢笔" 工具绘制一条324px×1px的线段，然后填充为白色（R:255，G:255，B:255），设置 "不透明度" 为30%，"位置" 为居中，"粗细" 为0.5px，如图3-25所示。

02 使用 "钢笔" 工具绘制一条线，然后填充为黄色（R:241，G:196，B:15），设置 "位置" 为居中，"粗细" 为1.5px，如图3-26所示。

03 使用 "椭圆形" 工具●绘制一个直径为10px的圆形，然后填充为黄色（R:241，G:196，B:15），如图3-27所示。

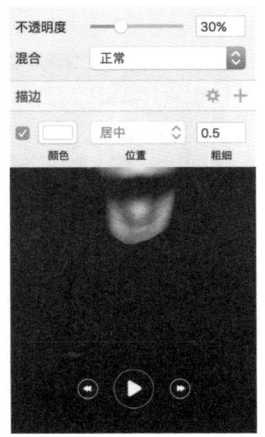
图 3-25

图 3-26

图 3-27

04 使用"文本"工具 T 在界面中输入需要的文字，然后设置"字体"为 PingFang SC 的 Thin 样式，"颜色"为白色（R:255，G:255，B:255），"大小"为 13px，在"间距"一栏中设置"字符"为 -0.4，"段落"为 1.5，"不透明度"为 60%，最后选中设置好的字样，使用"左右居中对齐"工具 ╪ 和"垂直居中对齐"工具 ═ 将它们对齐，如图 3-28 所示，整体界面效果如图 3-29 所示。

图 3-28

图 3-29

05 在界面中输入"Making Love Out my Baby"，作为标题文字。设置"字体"为 PingFang SC 的 Thin 样式，"颜色"为白色（R:255，G:255，B:255），"大小"为 30px；在"间距"一栏中设置"字符"为 -0.4，"行高"为 35，"段落"为 1.5，如图 3-30 所示，得到的界面效果如图 3-31 所示。

图 3-30

图 3-31

06 在界面中输入"- Kiki -"，然后设置"字体"为 PingFang SC 的 Thin 样式，"颜色"为白色（R:255，G:255，B:255），"大小"为 15px；在"间距"一栏中设置"字符"为 -0.2，"行高"为 35，"段落"为 1.5，如图 3-32 所示，得到的界面效果如图 3-33 所示。

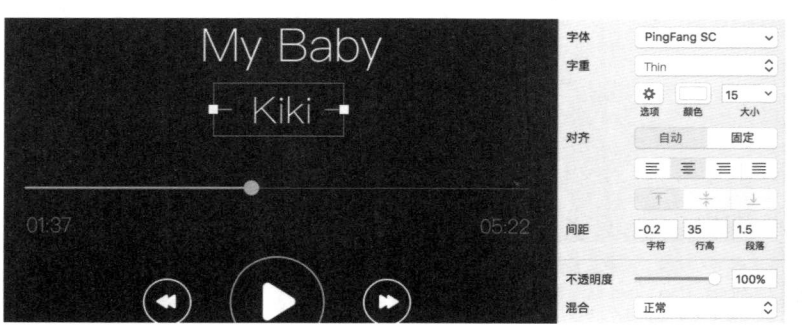

图 3-32

图 3-33

3.2.5 制作立体效果

将做好的图形制作为手机的界面效果，如图 3-34 所示。

图 3-34

拓展练习：绘制一个紫色炫酷类型的播放器主页

绘制好的主页效果如图 3-35 所示。

图 3-35

3.3 实战：音乐播放器主页的制作

本案例是音乐播放器的主页设计项目。为了能表现大气、简约，布局上采用全屏样式。为了使界面有一些酷炫的效果，颜色上采用黑白灰配色。主页的绘制流程如图3-36所示，最终的主页效果如图3-37所示。

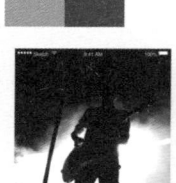

图 3-36

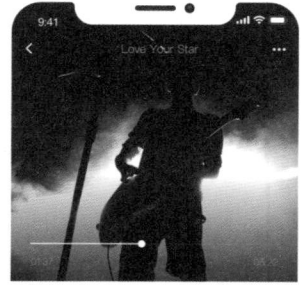

图 3-37

3.3.1 绘制背景

按快捷键A新建一个375px×667px的画布，然后使用"矩形"工具 ▦（快捷键R）绘制一个375px×667px的背景层，填充为白色（R:255，G:255，B:255），绘制一个375px×375px的矩形，填充为黑色（R:0，G:0，B:0），如图3-38所示。

图 3-38

3.3.2 编辑图片

01 将一张黑白图片拖入界面，然后选中图片和底部的矩形，选择"蒙版"工具 ◉，使图片依附于底部矩形，如图3-39所示。

图 3-39

02 使用"矩形"工具▣在图片上方绘制一个 375px×375px 的形状，然后填充为黑色（R:0，G:0，B:0）（"不透明度"为 0%）至黑色（R:0，G:0，B:0）（"不透明度"100%）的渐变效果，如图 3-40 所示。

图 3-40

3.3.3 绘制顶部操作栏

01 使用"矩形"工具▣（快捷键 R）绘制几个矩形，作为定界框。其中实心样式的矩形代表图标定界框，描边样式的矩形代表操作栏定界框，如图 3-41 所示。

02 使用"椭圆形"工具●和"钢笔"工具✒绘制出状态栏中的图标形状，然后填充为白色（R:255，G:255，B:255），设置"位置"为居中，"粗细"为 2px，如图 3-42 所示。

03 使用"文本"工具Ｔ在界面中输入需要的文字，然后设置"字体"为 PingFang SC 的 Thin 样式，"颜色"为白色（R:255，G:255，B:255），"大小"为 15px，如图 3-43 所示。

图 3-41　　　　　　　　　图 3-42　　　　　　　　　图 3-43

3.3.4 绘制播放器

01 使用"钢笔"工具 绘制一条 324px × 1px 的线段，然后设置"位置"为居中，"粗细"为 0.5px，"颜色"为白色（R:255，G:255，B:255），"不透明度"为 30%，如图 3-44 和图 3-45 所示。

02 使用"钢笔"工具 绘制一条 147px × 1.5px 的线段，然后设置"位置"为居中，"粗细"为 1.5px，"颜色"为白色（R:255，G:255，B:255），"不透明度"为 100%，如图 3-46 所示。使用"椭圆形"工具 ● 绘制一个白色的圆形，如图 3-47 所示。

图 3-44　　　　　　　图 3-45　　　　　　　图 3-46　　　　　　　图 3-47

03 使用"圆角矩形"工具 ■ 和"椭圆形"工具 ● 绘制出图标的形状，然后将图标中心图形填充为深灰色（R:70，G:69，B:83），设置圆框的"位置"为居中，"粗细"为 0.5px，如图 3-48 和图 3-49 所示。

04 在界面中输入"Love Your Star Love Nothing"，作为标题，然后设置"字体"为 PingFang SC 的 Thin 样式，"颜色"为深灰色 (R:67，G:65，B:79)，"大小"为 30px。在"间距"一栏中设置"字符"为 -0.4，"段落"为 1.5，"行高"为 35，"不透明度"为 60%。继续在界面输入"－ BLUE －"，作为歌手名字，然后设置"字体"为 PingFang SC 的 Thin 样式，"颜色"为浅灰色 (R:167，G:167，B:169)，"大小"为 12px，如图 3-50 所示。

图 3-48　　　　　　　　　　图 3-49　　　　　　　　　　图 3-50

3.3.5 制作立体效果

将做好的图形制作为手机的界面效果，如图 3-51 所示。

图 3-51

拓展练习：绘制一个极简风格的播放器主页

绘制好的主页效果如图 3-52 所示。

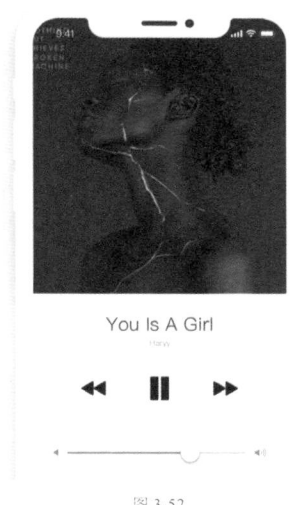

图 3-52

3.4 实战：微故事主页的制作

本案例是微故事 App 的主页设计项目。风格简约，有一些圆角样式的卡片效果。为了体现大气的效果，所有控件采用黑白配色，搭配彩色的图片。主页的绘制流程如图 3-53 所示，最终的主页效果如图 3-54 所示。

图 3-53

图 3-54

3.4.1 绘制背景

按快捷键 A 新建一个 375px × 667px 的画布，然后使用"矩形"工具▉（快捷键 R）绘制一个 375px × 667px 的背景，并填充为白色 (R:255，G:255，B:255)，如图 3-55 所示。

图 3-55

3.4.2 绘制标题

01 使用"文本"工具 T 在界面中输入"微故事"，然后设置"字体"为 PingFang SC 的 Semibold 样式，"大小"为 40px，从 iPhone X 的控件库里寻找一个高度为 44px 的状态栏放到画布中，将准备好的放大镜图标放到状态栏的右下方，如图 3-56 所示。

02 使用"矩形"工具▉绘制一个 375px × 49px 的矩形，然后将做好的 4 个小图标放到矩形底部，绘制一条线段作为分界，如图 3-57 所示。

微故事　　　　　Q　　微故事　　　　　Q

图 3-56　　　　　图 3-57

3.4.3 绘制卡片

01 使用"圆角矩形"工具■绘制一个375px×472px的圆角矩形，然后填充为黑色(R:0，G:0，B:0)，设置阴影"颜色"为黑色(R:0，G:0，B:0)，"不透明度"为14%，"Y"为16，"模糊"为16，如图3-58所示。

02 选择一张合适的图片并拖入界面，调整到合适大小，选中图片和上一步制作好的圆角矩形，单击"蒙版"工具●，将图片依附在圆角矩形上，如图3-59所示。

图 3-58   图 3-59

03 使用"矩形"工具■绘制一个375px×472px的矩形，然后放置在图片的上方，填充为白色（R:255，G:255，B:255），设置"不透明度"为70%，"混合"为柔光，在"高斯模糊"一栏中设置"半径"为10px，最后选中图片和矩形，单击"蒙版"工具●，将图片依附于矩形图形，如图3-60所示。

04 使用"文本"工具■添加两行文字，然后设置第1行文字的"字体"为PingFang SC的Semibold样式，"颜色"为浅灰色，"大小"为15px；设置第2行文字的"字体"为PingFang SC的Semibold样式，字体颜色为深灰色，"大小"为28px，如图3-61所示。

图 3-60   图 3-61

3.4.4　制作立体效果

将做好的图形制作为手机的界面效果，如图 3-62 所示。

图 3-62

拓展练习：绘制一个卡片类型的电影App主页

绘制好的主页效果如图 3-63 所示。

图 3-63

3.5 实战：推荐文章主页的制作

本案例是推荐文章的主页设计项目。界面内容图文并茂，风格简约，整体效果大气，所有控件采用黑白配色。主页的绘制流程如图 3-64 所示，最终的主页效果如图 3-65 所示。

图 3-64

图 3-65

3.5.1 绘制背景

按快捷键 A 新建一个 375px×667px 的画布，然后使用"矩形"工具▇（快捷键 R）绘制一个 375px×667px 的背景，填充为白色（R:255，G:255，B:255），如图 3-66 所示。

```
..Il OS 🛜          9:41 AM          100% ▇
```

图 3-66

3.5.2 绘制页边

使用"矩形"工具▇绘制一个 20px×667px 的矩形，作为左右侧的页边，然后绘制一个 375px×20px 的矩形，作为顶部状态栏，绘制一个 375px×49px 的矩形，作为底部操作栏，如图 3-67 所示。

图 3-67

3.5.3 绘制状态栏

使用"文本"工具 T 输入"游记",然后设置"字体"为 PingFang SC 的 Semibold 样式,"颜色"为深灰色(R:39,G:45,B:47),"大小"为 40px,如图 3-68 所示。

3.5.4 绘制底部操作栏

使用"矩形"工具 ▇ 绘制一个 375px49px 的矩形,然后将制作好的 4 个图标放到界面的底部位置,如图 3-69 所示。

图 3-68

图 3-69

3.5.5 添加正文

<u>01</u> 使用"椭圆形"工具 ● 绘制一个直径为 48px 的圆形,然后在界面中拖入一张图片,选中图片和圆形,单击"蒙版"工具 ◉,使照片依附于圆形。使用"文本"工具 T 添加用户名称和坐标信息,然后设置用户名称的"字体"为 PingFang SC 的 Light 样式,"大小"为 18px,如图 3-70 所示。设置坐标字样的"字体"为 PingFang SC 的 Light 样式,"大小"为 12px,如图 3-71 所示,得到的界面效果如图 3-72 所示。

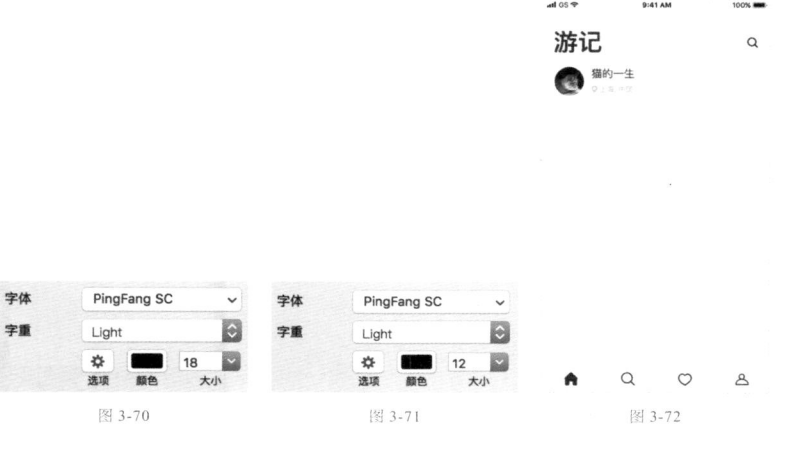

图 3-70

图 3-71

图 3-72

02 使用"圆角矩形"工具▇绘制一个 335px×191px 的圆角矩形，然后设置"半径"为 2px。将一张图片拖入面板，调整其大小，最后选中图片与圆角矩形，单击"蒙版"工具▇，将图片依附于圆角矩形，得到的图形效果如图 3-73 所示。

03 继续在界面中添加文字，作为标题，然后设置标题的"字体"为 PingFang SC 的 Semibold 样式，"颜色"为深灰色（R:39，G:45，B:47），"大小"为 40px，如图 3-74 所示。

图 3-73　　　　　　　　　　图 3-74

04 添加一段文字，然后设置文字的"字体"为 PingFang SC 的 Regular 样式，"颜色"为蓝灰色（R:145，G:152，B:163），"大小"为 14px，如图 3-75 所示。

05 将准备好的"喜欢"和"评论"图标放到界面中的合适位置，然后对应添加一些数字信息，完成的界面效果如图 3-76 所示。

图 3-75　　　　　　　　　　图 3-76

3.5.6 制作立体效果

将做好的图形制作为手机的界面效果，如图 3-77 所示。

图 3-77

拓展练习：绘制一个图文混排的好文章分享App主页

绘制好的主页效果如图 3-78 所示。

图 3-78

3.6 实战：直播 App 主页的制作

本案例是直播 App 的主页设计项目。为了使界面看起来大气，整体采用全屏模式进行展示。主页的绘制流程如图 3-79 所示，最终的主页效果如图 3-80 所示。

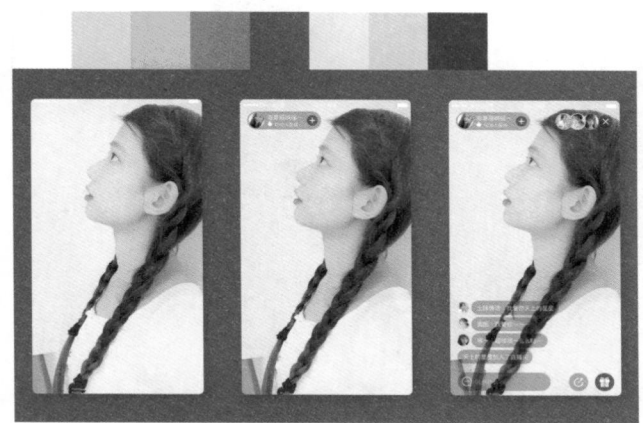

图 3-79

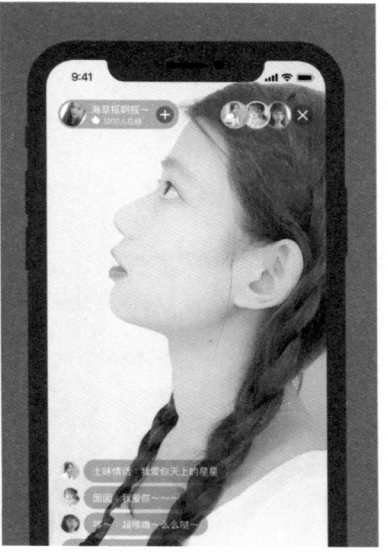

图 3-80

3.6.1 绘制背景

按快捷键 A 新建一个 375px×667px 的画布，然后使用"矩形"工具■（快捷键 R）绘制一个 375px×667px 的背景，填充为白色（R:255，G:255，B:255），将一张图片拖入界面，最后从 iPhone X 的控件库里寻找一个高度为 44px 的状态栏放到画布中，如图 3-81 所示。

图 3-81

3.6.2 绘制操作栏图标

01 使用"矩形"工具■（快捷键 R）绘制两个宽为 16px 的矩形，作为页边，如图 3-82 所示。

图 3-82

02 使用"矩形"工具 ▮ 绘制一个 162px×40px 的圆角矩形，然后设置圆角"半径"为 22px，勾选"平滑圆角"选项。设置"填充"为黑色（R:0，G:0，B:0），"不透明度"为 25%，如图 3-83 所示。

图 3-83

03 使用"椭圆形"工具 ● 绘制一个 34px×34px 的圆形，然后在界面中拖入一张图片，选中图片和圆形，单击"蒙版"工具 ▣，将图片依附于圆形，如图 3-84 所示。

04 使用"文本"工具 T 添加用户名称和在线人数信息。设置用户名称的"字体"为 PingFang SC 的 Regular 样式，"大小"为 13px；设置在线人数信息的"字体"为 PingFang SC 的 Regular 样式，"大小"为 10px，最后将准备好的"火"图标放到用户名称的下方，如图 3-85 所示。

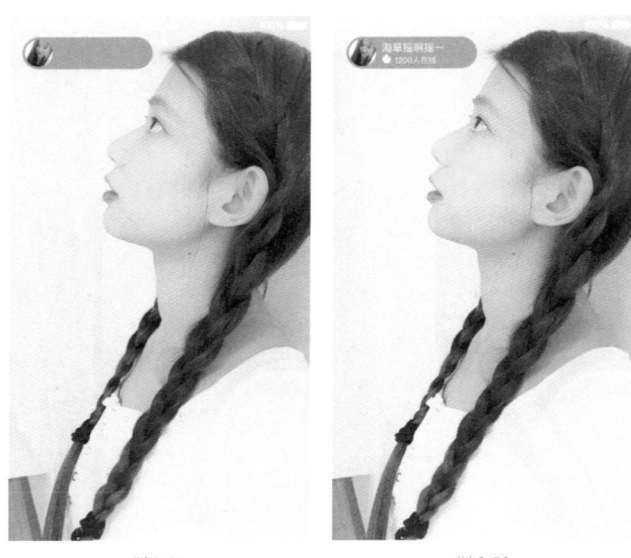

图 3-84   图 3-85

05 按照同样的方法，添加界面右上方的头像，如图 3-86 所示。

图 3-86

06 按照前面的方法，添加界面左下方的头像及文字，如图 3-87 所示。

07 使用"矩形"工具■和"椭圆形"工具●绘制下方的操作栏，如图 3-88 所示。

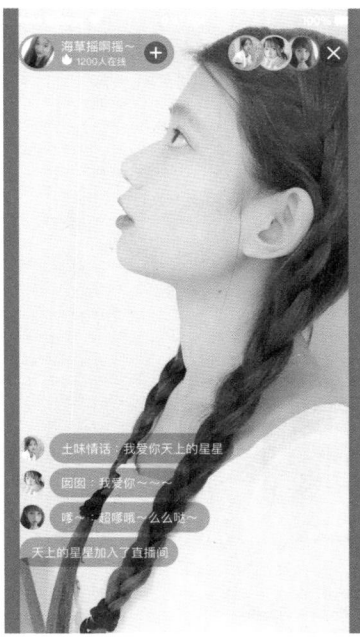
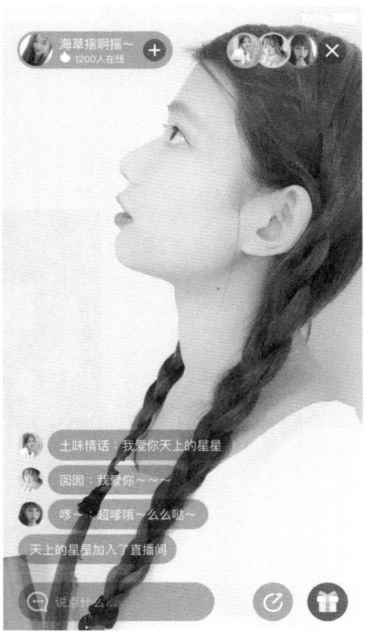

图 3-87   图 3-88

3.6.3 制作立体效果

将做好的图形制作为手机的界面效果，如图 3-89 所示。

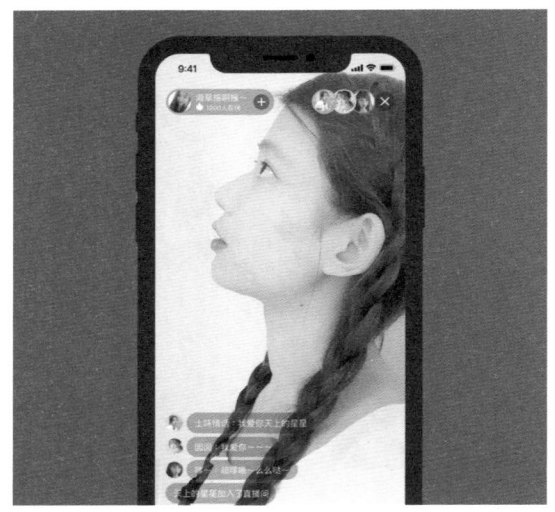

图 3-89

拓展练习：绘制一个渐变效果的视频剪辑App主页

绘制好的主页效果如图 3-90 所示。

图 3-90

第 4 章

图表页设计

　　本章讲解图表页的绘制方法与技巧，包括简约水波图表页、渐变互动指数图表页、渐变活力减肥得分图表页及渐变业绩图表页的制作。学习这些案例，可以提高我们的色彩把控能力和对造型的表现能力。

4.1 实战：简约水波图表页的制作

本案例是简约水波图表页设计项目，整体风格偏热情，配色上采用蓝色到紫色的渐变效果。图表页的绘制流程如图 4-1 所示，最终的图表页效果如图 4-2 所示。

图 4-1

图 4-2

4.1.1 绘制背景

按快捷键 A 新建一个 375px×667px 的画布，然后从 iPhone X 的控件库里寻找一个高度为 44px 的状态栏放到画布中。使用"矩形"工具▥（快捷键 R）绘制一个 375px×667px 的背景，填充为蓝色（R:33，G:1，B:139）至紫红色（R:255，G:0，B:157）的线性渐变效果，如图 4-3 所示。

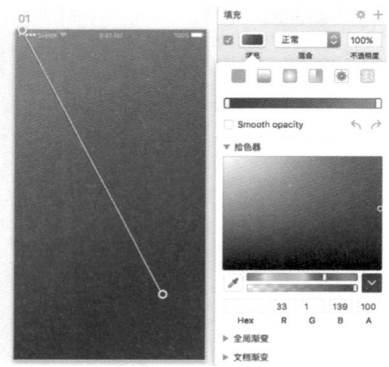

图 4-3

4.1.2 绘制顶部水纹

<u>01</u> 使用"钢笔"工具✐绘制一个封闭的多边形，填充为橙红色（R:255，G:72，B:112），如图 4-4 所示。

图 4-4

02 双击选中上一步绘制好的多边形，使其呈编辑状态，然后分别按快捷键 1、快捷键 2、快捷键 3 和快捷键 4 激活属性栏中的"直角"命令 ⬆、"对称"命令 ⬒、"断开连接"命令 ⬔、"不对称"命令 ⬓，调整锚点到合适位置，如图 4-5 所示。设置"不透明度"为 20%，作为水纹效果，如图 4-6 所示，得到的界面效果如图 4-7 所示。

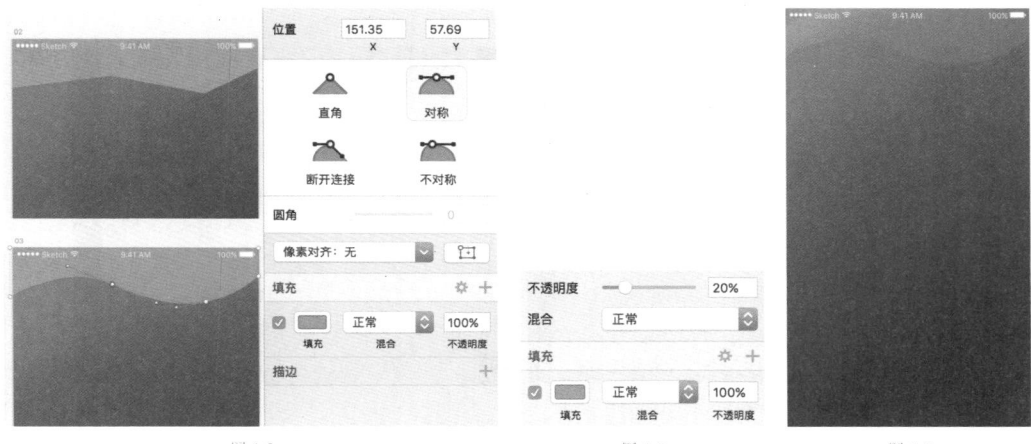

图 4-5　　　　　　　　　　　　　　图 4-6　　　　　　　　　　　　　　图 4-7

03 绘制一个多边形，然后填充为粉红色（R:255、G:138、B:221），如图 4-8 所示。双击多边形，使其呈编辑状态，然后分别按快捷键 1、快捷键 2、快捷键 3 和快捷键 4 激活属性栏中的"直角"命令 ⬆、"对称"命令 ⬒、"断开连接"命令 ⬔、"不对称"命令 ⬓，调整锚点到合适位置，如图 4-9 所示。设置多边形的"不透明度"为 20%，如图 4-10 所示。

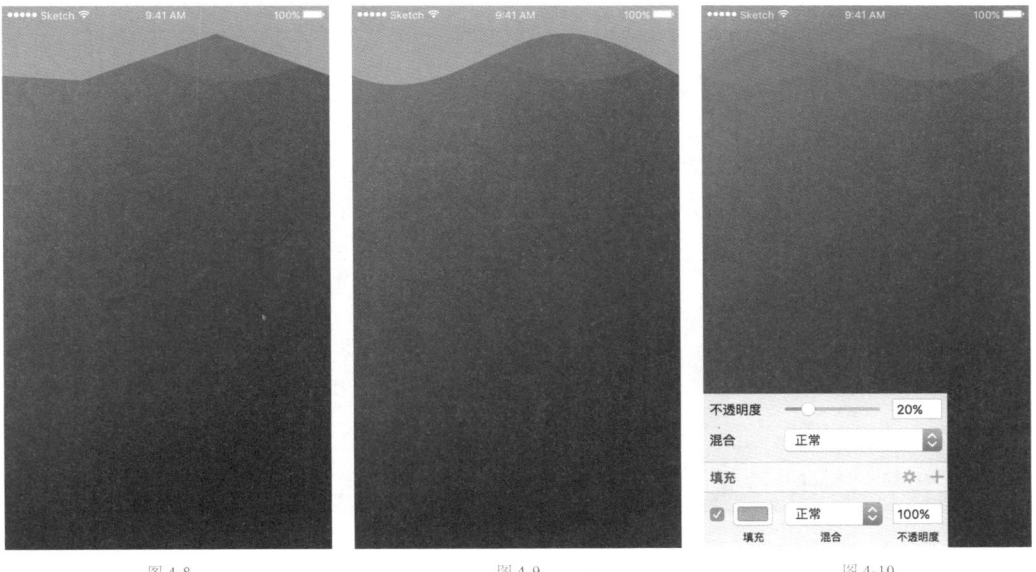

图 4-8　　　　　　　　　　　　　　图 4-9　　　　　　　　　　　　　　图 4-10

4.1.3 绘制定界框并放入图标

01 使用"矩形"工具▇（快捷键 R）绘制几个矩形，作为定界框。其中深灰色矩形代表图标定界框，尺寸为 17px×17px；黑色矩形代表页边距定界框，尺寸为 25px×667px；浅灰色矩形代表操作栏定界框，顶部尺寸为 375px×44px；灰色矩形代表图标定界框，顶部尺寸为 17px×17px，得到的界面效果如图 4-11 所示。

02 将准备好的图标放到对应的定界框内，如图 4-12 所示。

 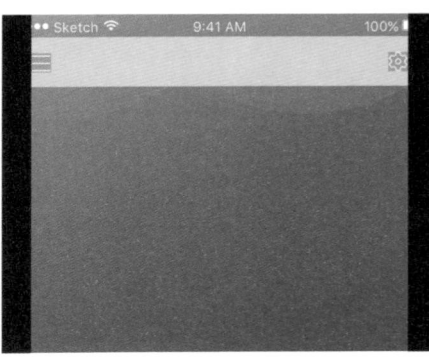

图 4-11   图 4-12

4.1.4 绘制圆圈部分图标

01 使用"椭圆"工具●绘制一个直径为 261px 的圆形，然后设置"不透明度"为 50%，为圆形填充紫红色（R:255，G:0，B:156）至蓝色（R:52，G:0，B:116）的线性渐变效果，如图 4-13 和图 4-14 所示。

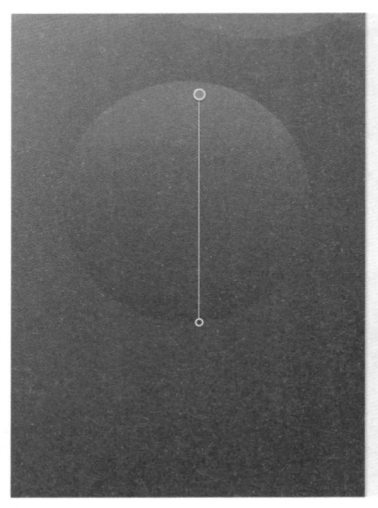  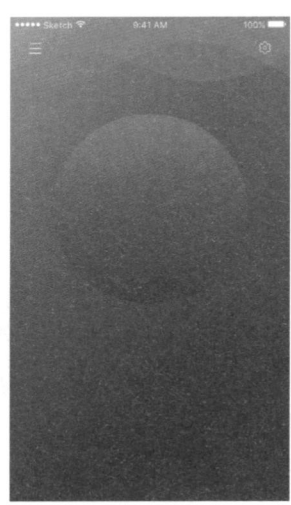

图 4-13   图 4-14

<u>02</u> 绘制一个直径为 295px 的圆形，然后设置描边"颜色"为浅橙色（R:255，G:198，B:135）至紫红色（R:255，G:0，B:215）再至紫色（R:146，G:52，B:203）的渐变效果，"位置"为居中，"粗细"为 10px。选中上边绘制好的两个圆形，使用"左右居中对齐"工具 ✚ 和"垂直居中对齐"工具 ≡ 将它们对齐，如图 4-15 所示。

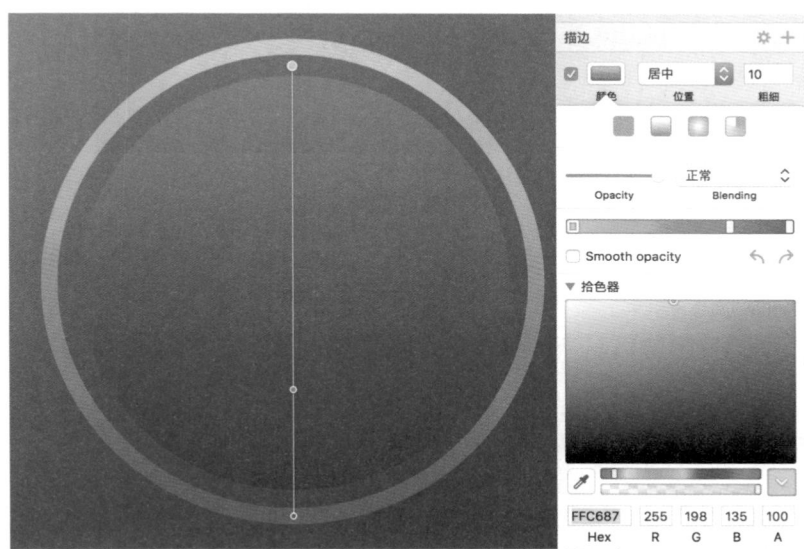

图 4-15

<u>03</u> 双击上一步绘制好的圆形，使其呈编辑状态，然后按住 Shift 键，在边线左上方的 1/2 处添加一个锚点，在右上方的 1/2 处也添加一个锚点，如图 4-16 所示。

<u>04</u> 选择"剪刀"工具 ✂，将鼠标光标移至想要裁剪的边线上方，待边线进入虚线状态，单击一下鼠标，完成裁剪处理，将端点处理圆滑，完成后的效果如图 4-17 所示。

<u>05</u> 使用"钢笔"工具 ✐ 绘制一个多边形，然后填充为紫红色（R:255，G:0，B:214）。选中多边形和底部的圆圈，单击"蒙版"工具 ▣，将多边形依附于圆圈，如图 4-18 所示。

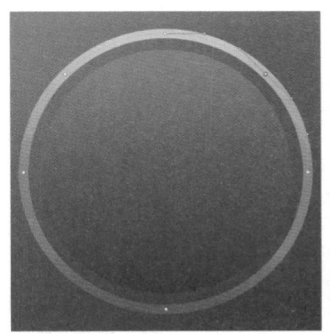

图 4-16

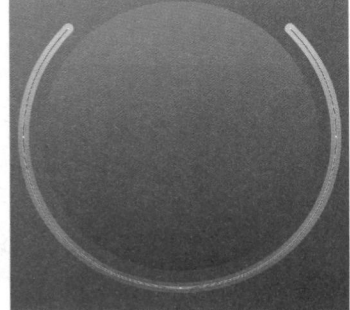

图 4-17

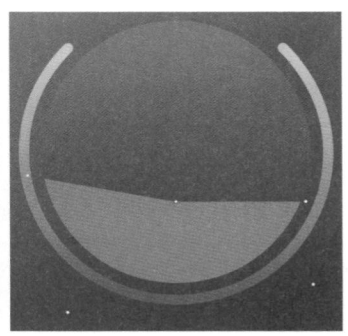

图 4-18

06 选中上一步绘制好的多边形，使其呈编辑状态，然后分别按快捷键1、快捷键2、快捷键3和快捷键4激活属性栏中的"直角"命令 ▲、"对称"命令 ▲、"断开连接"命令 ▲、"不对称"命令 ▲，调整锚点到合适位置，如图4-19所示。

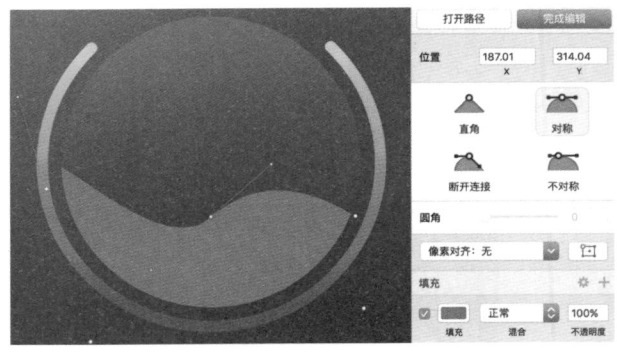

图 4-19

07 用同样的操作方法，在上一个波浪图形的上方绘制另一个波浪图形，然后填充为淡紫色（R:255，G:141，B:214），"不透明度"为73%。选中多边形和底部的圆圈，单击"蒙版"工具 ◎，使这个波浪图形依附于圆圈，如图4-20所示。

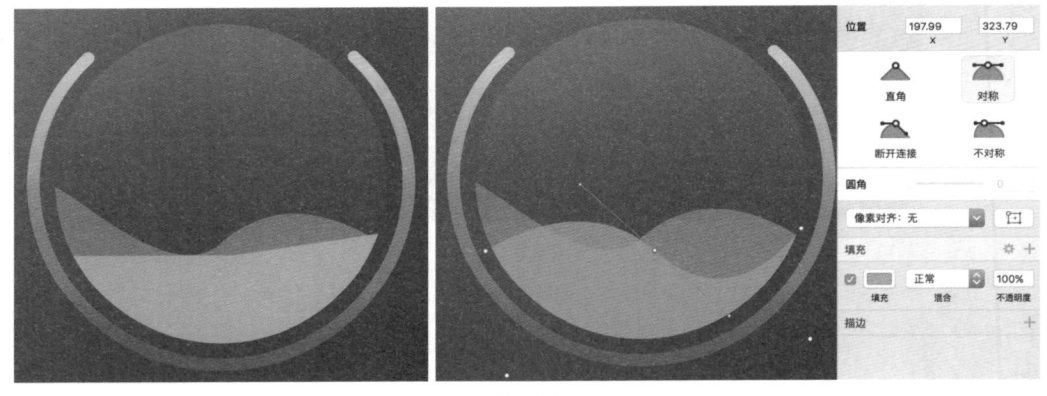

图 4-20

4.1.5　添加文本

使用"文本"工具 T 输入"377"，然后设置"字体"为PingFang SC 的 Semibold 样式，"颜色"为白色（R:255，G:255，B:255），"大小"为64px，如图4-21和图4-22所示。

图 4-21

图 4-22

4.1.6 绘制底部列表

01 在列表上方添加一排字样，然后设置"字体"为 PingFang SC 的 Semibold 样式，"颜色"为白色（R:255，G:255，B:255），"大小"为 12px，设置字体在选中状态下的"不透明度"为 100%，在未选中状态下的"不透明度"为 40%，如图 4-23 所示。

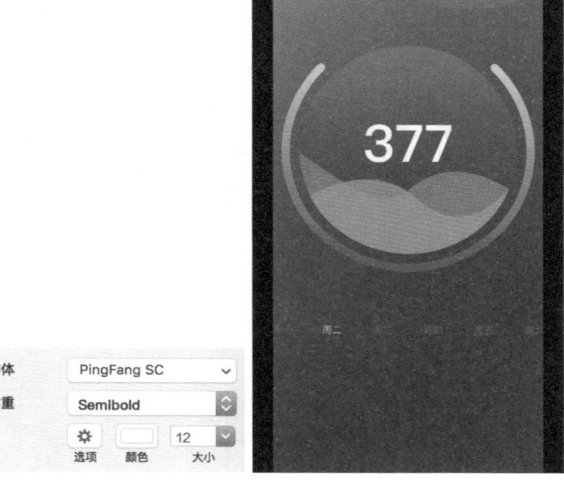

图 4-23

02 选择"椭圆"工具 ● 绘制一个直径为 30px 的圆形，如图 4-24 所示，然后将一张图片拖入界面，选中图片和圆形，单击"蒙版"工具 ，使图片依附于圆形，如图 4-25 所示。

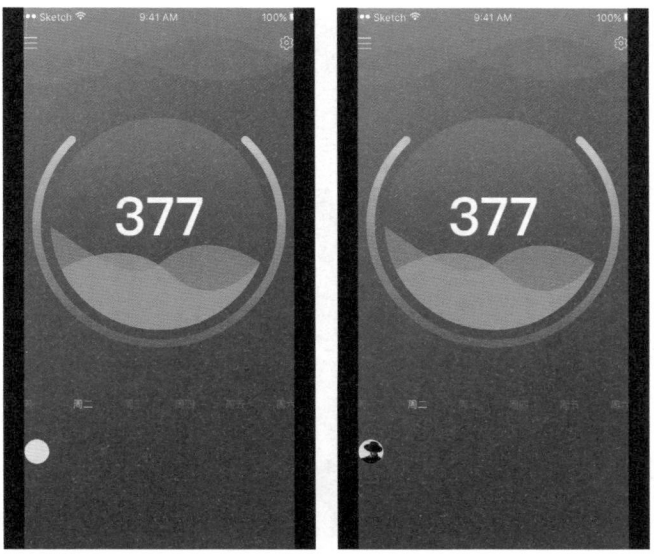

图 4-24　　　　　　　　图 4-25

03 使用"文本"工具 T 输入用户名称，然后设置"字体"为 PingFang SC 的 Light 样式，"颜色"为白色（R:255，G:255，B:255），"大小"为 13px，"不透明度"为 70%，如图 4-26 所示。

04 选中刚刚绘制的圆圈头像和用户名称，然后按快捷键 Command+G 将其打组，选中该图层组，将其复制一个并适当往下移动，使其与上一个用户信息对齐，如图 4-27 所示。

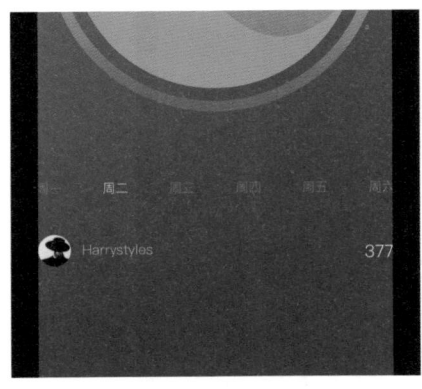

图 4-26　　　　　　　　　　　　　　　　　　　图 4-27

4.1.7　完善细节

将以上操作都完成后，仔细观察整个界面，发现波浪的配色单一，因此将颜色改为粉色（R:255，G:131，B:130），"不透明度"为 73%，"混合"为滤色，如图 4-28 所示。

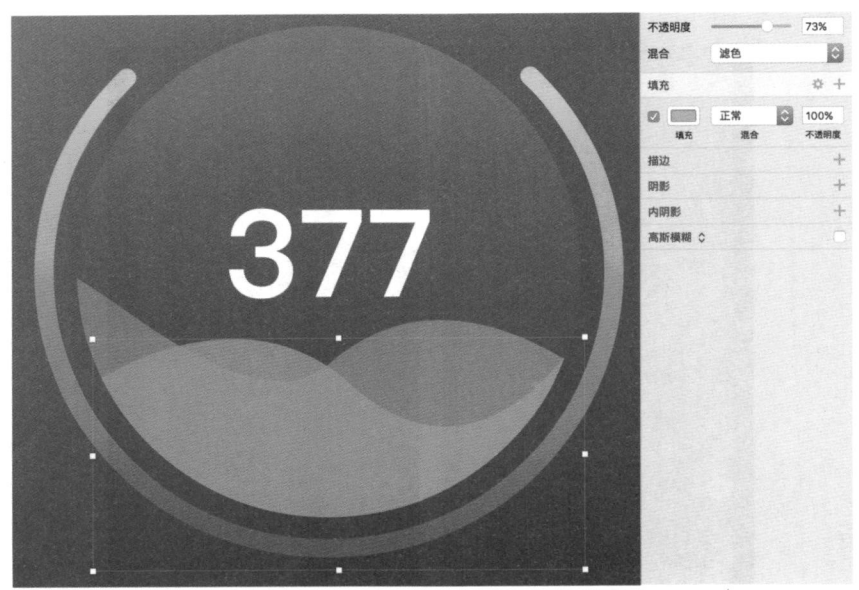

图 4-28

4.1.8　制作立体效果

将做好的图形制作为手机的界面效果，如图 4-29 所示。

图 4-29

拓展练习：绘制一个渐变发光效果的数据图表页

制作好的图表页效果如图 4-30 所示。

图 4-30

4.2 实战：渐变互动指数图表页的制作

本案例是渐变互动指数图的图表页设计项目，风格偏活泼，配色呈渐变效果。图表页的绘制流程如图 4-31 所示，最终的图表页效果如图 4-32 所示。

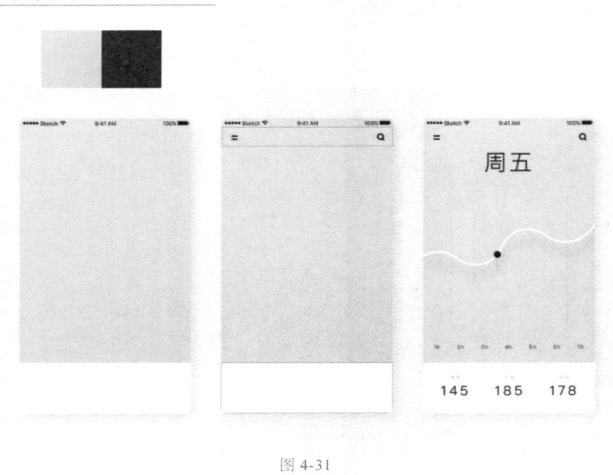

图 4-31

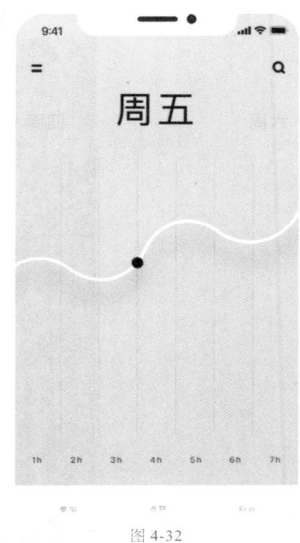

图 4-32

4.2.1 绘制背景

按快捷键 A 新建一个 375px×667px 的画布，然后使用"矩形"工具 ■（快捷键 R）绘制一个 375px×667px 的背景，填充为浅绿色（R:222，G:255，B:201）至浅蓝色（R:163，G:248，B:255）的渐变效果，如图 4-33 所示。

图 4-33

4.2.2 绘制定界框

01 使用"矩形"工具■（快捷键 R ）绘制几个矩形，作为定界框。其中实心样式的矩形代表图标定界框，空心样式的矩形代表操作栏定界框，如图 4-34 所示。

02 使用"钢笔"工具结合"椭圆"工具●在状态栏的左右两边分别绘制一个"更多"图标和一个"放大镜"图标，然后设置描边"颜色"为黑色（R:0，G:0，B:0），"位置"为居中，"粗细"为 3px，如图 4-35 所示。

图 4-34   图 4-35

4.2.3 添加文本

01 使用"文本"工具T在界面底部添加两行文字。上边一行文字，设置"字体"为 PingFang SC 的 Light 样式，"颜色"为灰色（R:153，G:153，B:153），"大小"为 12px，如图 4-36 所示。

02 下边一行文字，设置"字体"为 PingFang SC 的 Regular 样式，"颜色"为黑色（R:0，G:0，B:0），"大小"为 30px，设置及界面效果如图 4-37 所示。

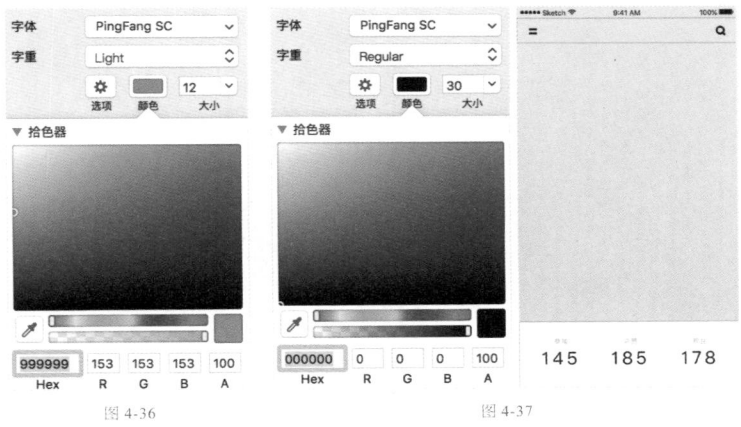

图 4-36   图 4-37

03 在界面中输入"周五",然后设置文本在选中状态下的"颜色"为黑色(R:0,G:0,B:0),"大小"为50px,"不透明度"为100%,如图4-38所示。设置文本在未选中状态下的"颜色"为黑色(R:0,G:0,B:0),设置文本"不透明度"为10%,"大小"为25px。

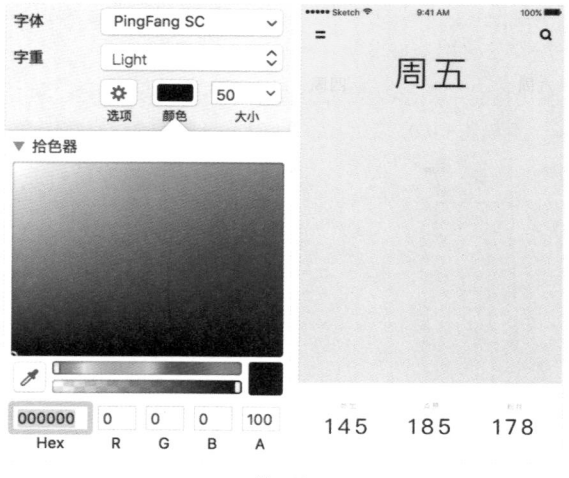

图 4-38

4.2.4 绘制指数图部分

01 使用"钢笔"工具 ✏ 绘制一条竖线,然后设置竖线的"位置"为居中,"粗细"为1px,"填充"为黑色(R:0,G:0,B:0),"不透明度"为10%。将竖线复制5条,从左到右依次进行排列,如图4-39所示。

02 使用"文本"工具 T 在每个竖线下方输入相应文字,然后设置"字体"为PingFang SC的Light样式,"颜色"为黑色(R:0,G:0,B:0),"大小"为12px,如图4-40所示。

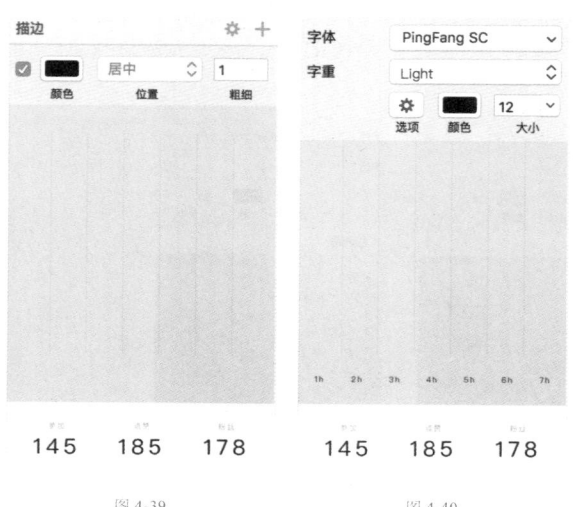

图 4-39   图 4-40

03 使用"钢笔"工具 绘制一条曲折的线段，然后填充描边"颜色"为白色（R:255、G:255、B:255），"位置"为居中，"粗细"为4px，设置线的阴影"颜色"为黑色（R:0、G:0、B:0），"不透明度"为40%，"Y"为25，"模糊"为25，如图4-41所示。

04 选中上一步绘制好的线段，使其呈编辑状态，然后分别按快捷键1、快捷键2、快捷键3和快捷键4激活属性栏中的"直角"命令 、"对称"命令 、"断开连接"命令 、"不对称"命令 ，调整锚点到合适位置。使用"椭圆"工具 绘制一个直径为15px的圆形，填充为黑色，设置阴影的"不透明度"为15%，"Y"为20，"模糊"为20，如图4-42所示。

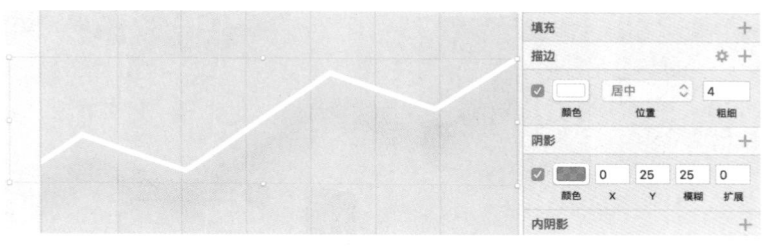

图 4-41

图 4-42

4.2.5 制作立体效果

将做好的图形制作为手机的界面效果，如图4-43所示。

拓展练习：绘制一个蓝紫色的图表页

制作好的图表页效果如图4-44所示。

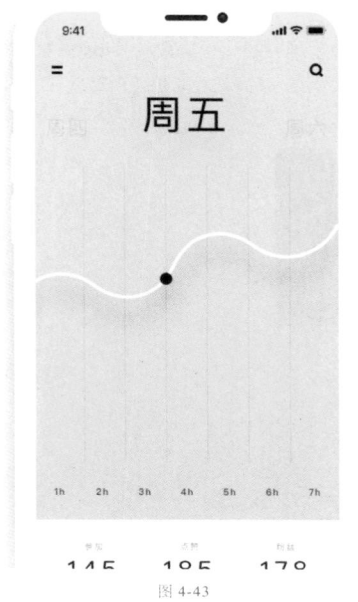

图 4-43

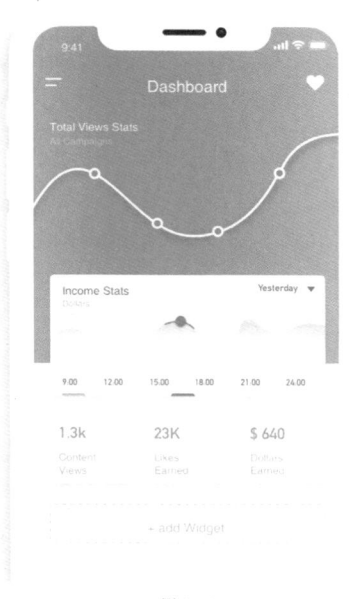

图 4-44

4.3 实战：渐变活力评分图表页的制作

本案例是评分图表页设计项目，为了激发用户，配色上采用热情的紫红色渐变效果。图表页的绘制流程如图 4-45 所示，最终的图表页效果如图 4-46 所示。

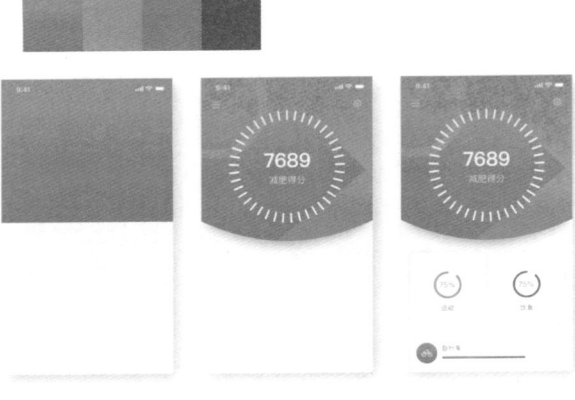

图 4-45

图 4-46

4.3.1 绘制背景

01 按快捷键 A 新建一个 375px×814px 的画布，然后从 iPhone X 的控件库里寻找一个高度为 44px 的状态栏放到画布中。使用"矩形"工具▮（快捷键 R）绘制一个 375px×814px 的矩形，填充为红色（R:255，G:62，B:66）至紫色（R:217，G:99，B:216）的渐变效果，如图 4-47 所示。

图 4-47

02 双击红色的矩形，使其呈编辑状态，然后使用"钢笔"工具 在矩形底部边线的中间位置添加一个锚点，按住 Shift 键，将该锚点下移 40px，如图 4-48 所示。

03 选中上一步添加的锚点，然后选择属性栏中的"对称"图标 （快捷键 2），调整锚点到合适位置，使边线呈现较好的弧度，如图 4-49 所示。

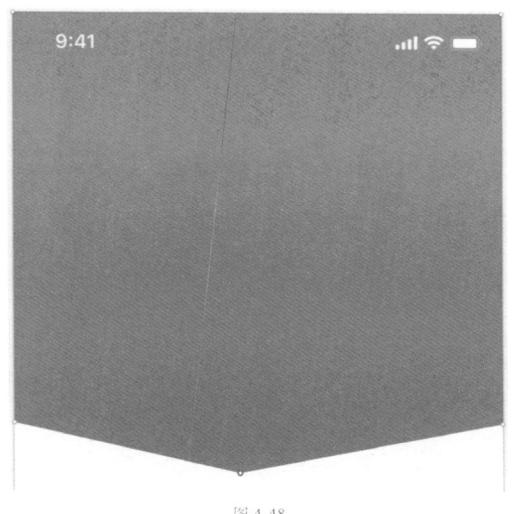

图 4-48

图 4-49

04 选中调整好的图形，然后复制一个并放在原图形的下方，修改尺寸为 343px×380px，在"高斯模糊"一栏中设置"半径"为 10px，如图 4-50 所示。

05 使用"椭圆"工具 绘制一个直径为 214px 的圆形，然后设置"居中"描边粗细为 20px，"颜色"为浅红色（R:255，G:139，B:144）至浅粉色（R:255，G:135，B:172）的渐变效果，设置描边的"不透明度"为 30%，作为纹理效果，如图 4-51 所示。

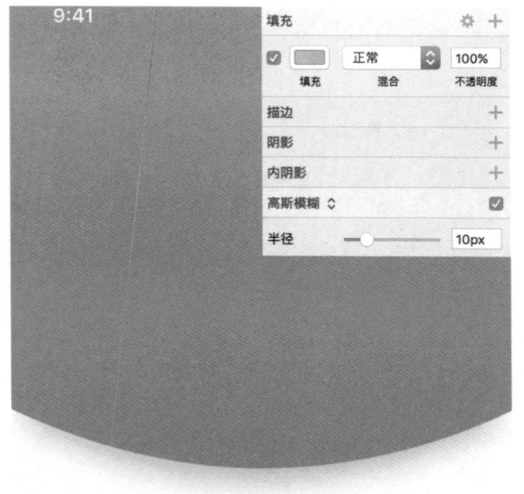

图 4-50

图 4-51

06 使用"钢笔"工具绘制一个平行四边形放在右上方，然后填充为红色（R:255，G:43，B:72）至浅粉色（R:255，G:90，B:144）的线性渐变效果；在右下方绘制一个平行四边形，填充红色（R:248，G:78，B:143）至紫色（R:241，G:112，B:216）的线性渐变效果，如图 4-52 所示。

07 选中两个平行四边形、圆形和底部的红色的矩形，然后单击"蒙版"工具⬤，使两个平行四边形、圆形依附于红色的矩形，如图 4-53 所示。

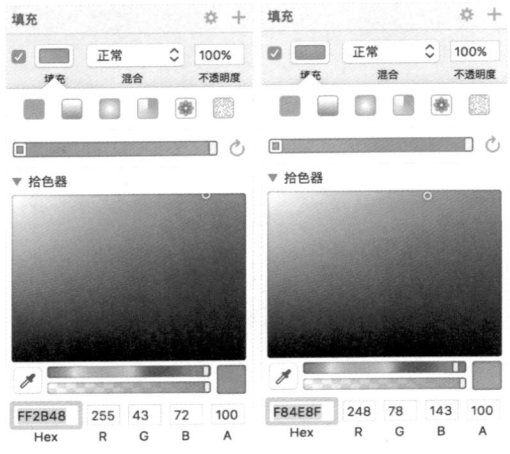

图 4-52

图 4-53

4.3.2 绘制操作栏

在操作栏的左右两边分别绘制一个"更多"图标和一个"设置"图标，然后设置两个图标的描边"颜色"为白色（R:255，G:255，B:255），"位置"为居中，"粗细"为 1px，如图 4-54 所示。

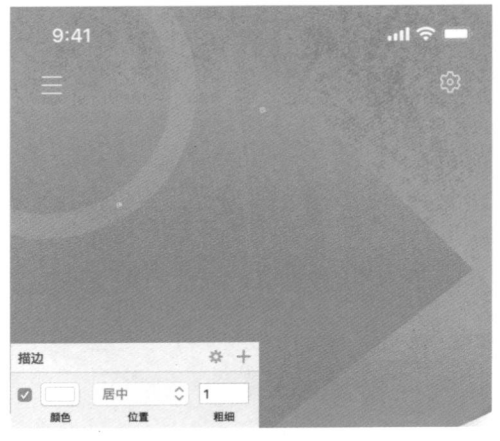

图 4-54

4.3.3 绘制圆环部分

01 选择"钢笔"工具 ，然后按住 Shift 键，在界面中绘制一个描边"颜色"为白色（R:255，G:255，B:255），"位置"为居中，"粗细"为 4px 的短线，如图 4-55 所示。

图 4-55

02 选中短线段，然后单击"旋转复制"按钮 🔆，在弹出的对话框中设置 "副本数量"为 41，设置完成后单击"好"按钮，如图 4-56 所示。选中 短线中间的点，拖动并调整出图 4-57 所示的图形效果。

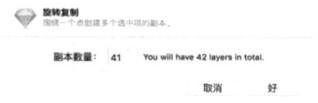

图 4-56

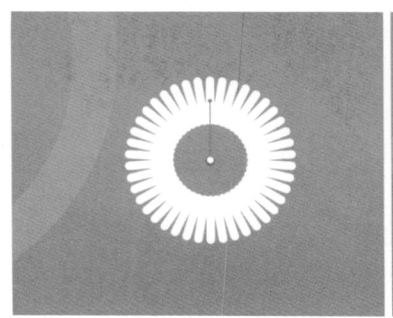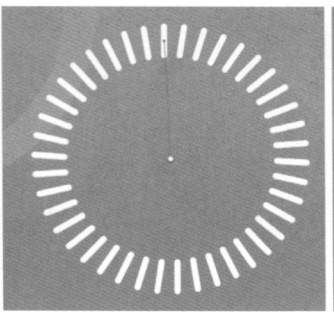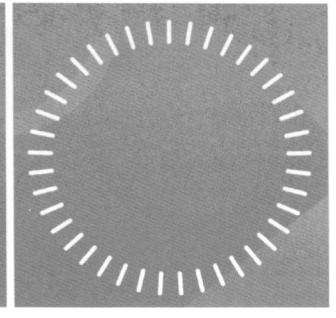

图 4-57

03 使用"文本"工具 ▼ 在圆圈内添加上下两行文字，都填充为白色（R:255，G:255，B:255）。设置上一行文 字的"字体"为 PingFang SC 的 Semibold 样式，"大小"为 44px，如图 4-58 所示；设置下一行文字"字体" 为 PingFang SC 的 Light 样式，"大小"为 20px，如图 4-59 所示。

图 4-58

图 4-59

4.3.4 绘制卡片部分

01 使用"圆角矩形"工具 ▣ 绘 制一个 163px × 163px 圆角矩形， 设置圆角"半径"为 8px，填充 为白色（R:255，G:255，B:255）， 然后设置阴影"颜色"为浅蓝 色（R:222，G:222，B:247），"Y" 为 1，"模糊"为 12，如图 4-60 所示。

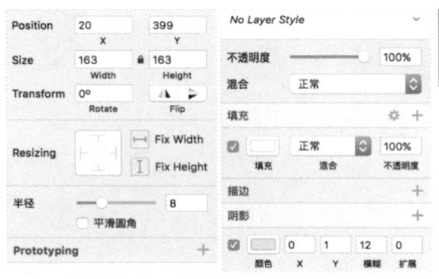

图 4-60

02 使用"椭圆形"工具 ⬤ 绘制一个直径为 56px 的圆形，然后设置"居中"描边粗细为 5px，"颜色"为橙色（R:255，G:144，B:0）。双击这个圆形，使其呈编辑状态，然后选择"钢笔"工具 ✎，按住 Shift 键，在这个圆形偏右上方的边线位置添加一个锚点。选择"剪刀"工具 ✂，将鼠标光标移至想要裁剪的边线上方，待边线呈虚线状态，单击鼠标，完成裁剪处理，裁剪好的边线效果如图 4-61 所示。

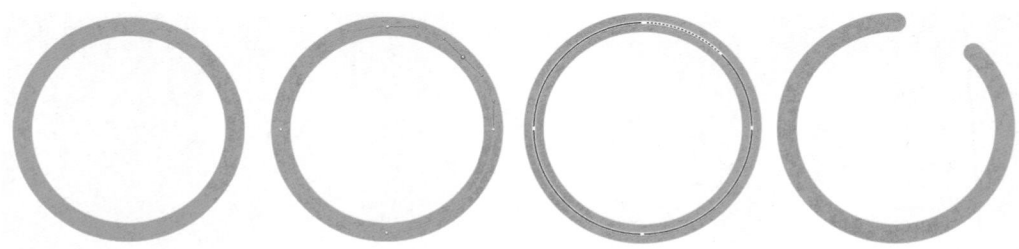

图 4-61

03 使用"文本"工具 Ｔ 在界面中输入"75%"，然后设置"颜色"为橙色（R:255，G:136，B:0）"字体"为 PingFang SC 的 Light 样式，"大小"为 17px，如图 4-62 所示。

04 在偏下方的位置添加一个"运动"字样，然后设置"字体"为 PingFang SC 的 Light 样式，"颜色"为蓝灰色（R:100，G:116，B:138），"大小"为 15px。选中"运动"和"75%"，按快捷键 Command+G 将其打组，如图 4-63 所示。

图 4-62   图 4-63

05 选择上一步制作好的图层组，然后将其复制一个，将复制的图层组中的文字进行适当修改和调整，得到的界面图形效果如图 4-64 所示。

06 使用"圆角矩形"工具▇绘制一个 336px×86px 圆角矩形，然后设置圆角"半径"为 8px，填充为白色（R:255，G:255，B:255），设置阴影"颜色"为浅蓝色（R:222，G:222，B:247），"Y"为 1，"模糊"为 12，如图 4-65 所示。

图 4-64   图 4-65

07 使用"椭圆形"工具●绘制一个 46px×46px 的圆形，然后填充为红色（R:255，G:62，B:66）至紫色（R:217，G:99，B:216）的线性渐变效果，将准备好的"自行车"图标添加到界面中，如图 4-66 所示。

08 使用"文本"工具Ｔ在界面中输入"自行车"，然后设置"字体"为 PingFang SC 的 Light 样式，"颜色"为蓝灰色（R:100，G:116，B:138），"大小"为 15px，如图 4-67 所示。

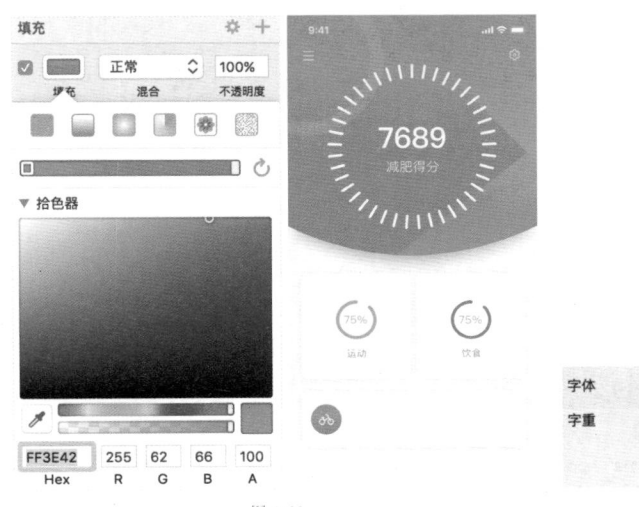

图 4-66   图 4-67

09 使用"钢笔"工具 ✐ 在界面中绘制一条短线段，然后设置描边"颜色"为浅蓝色（R:247，G:247，B:255），"位置"为居中，"粗细"为6px，如图4-68所示。选中短线段，单击"描边"选项栏中的"设置"按钮，设置"端点"和"转折点"为圆滑效果，如图4-69所示，得到的图形效果如图4-70所示。

图 4-68　　　　　　　　　　　　　　　　　　图 4-69

图 4-70

10 选择短线并复制一条，然后为复制的短线段填充红色（R:255，G:62，B:66）至紫色（R:217，G:99，B:216）的渐变效果，将其适当调短，选中绘制的图标和两条短线，按快捷键Command+G将其打组，如图4-71所示。

11 选中上一步制作好的图层组，然后将其复制一个，将复制的图层组中的文字进行适当调整，如图4-72所示。

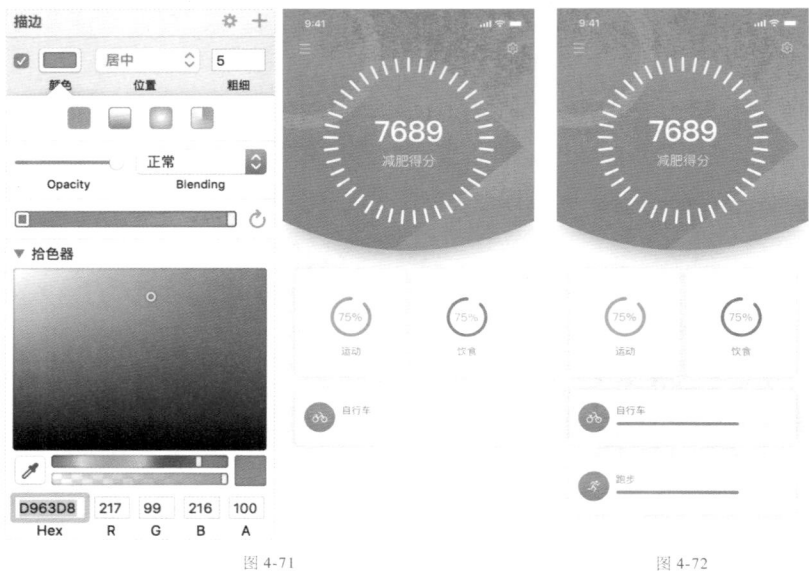

图 4-71　　　　　　　　　　　　　　　　　　图 4-72

4.3.5 制作立体效果

将做好的图形制作为手机的界面效果，如图 4-73 所示。

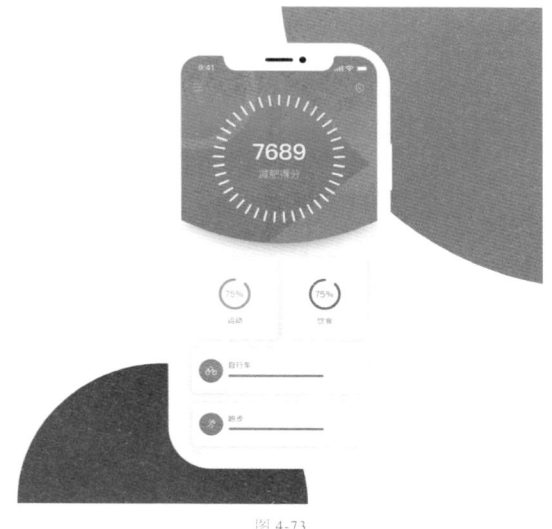

图 4-73

拓展练习：绘制一个极简风格的图表页

制作好的图表页效果如图 4-74 所示。

图 4-74

 **实战：渐变业绩图表页的制作**

本案例是业绩图表页的设计项目。为了使界面看起来简洁、大气，字体设置采用大小对比的形式，风格清新。图表页的绘制流程如图4-75所示，最终的主页效果如图4-76所示。

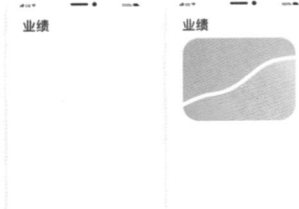

图 4-75

图 4-76

4.4.1　绘制背景

按快捷键A新建一个375px×667px的画布，如图4-77所示。

4.4.2　绘制状态栏

使用"文本"工具 **T** 添加"业绩"字样，然后设置"字体"为PingFang SC的Semibold样式，"颜色"为蓝灰色（R:58，G:64，B:77），"大小"为40px，如图4-78所示。

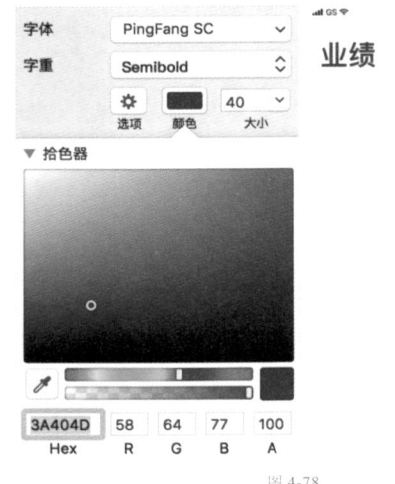

图 4-77

图 4-78

4.4.3 绘制卡片部分

01 使用"圆角矩形"工具█绘制一个 335px × 255px 的圆角矩形，然后设置"半径"为 48px，将圆角矩形 "填充"为绿色（R:159，G:255，B:68）至黄色（R:207，G:234，B:24）的线性渐变效果，如图 4-79 所示。

02 使用"钢笔"工具█在界面中绘制一个闭合的多边形图形，如图 4-80 所示。双击这个多边形图形，使其呈编辑状态，然后分别按快捷键 1、快捷键 2、快捷键 3 和快捷键 4 激活属性栏中的"直角"命令█、"对称"命令█、"断开连接"命令█、"不对称"命令█，调整锚点到合适位置，如图 4-81 所示。

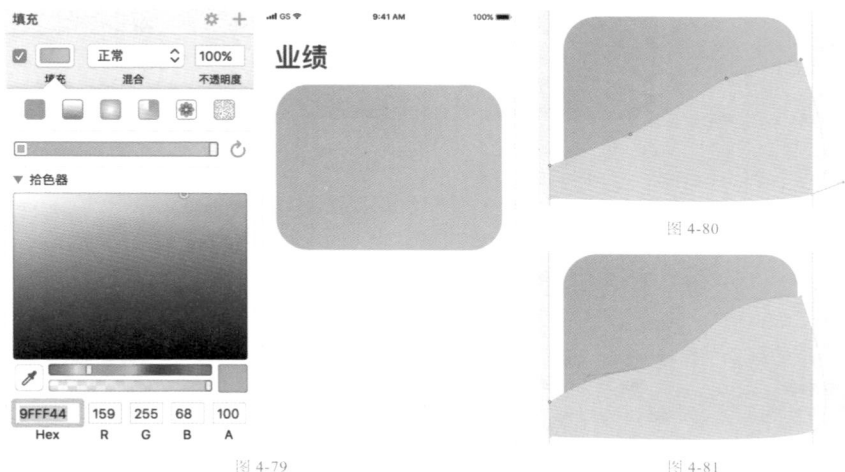

图 4-79
图 4-80
图 4-81

03 选中圆角矩形和多边形，然后单击工具栏中的"减去顶层"按钮█，得到图 4-82 所示的图形效果。

04 在界面中绘制出另一个多边形图形，然后为图形填充黄色（R:245，G:245，B:63）至橙色（R:255，G:159，B:0）的线性渐变效果，如图 4-83 所示。

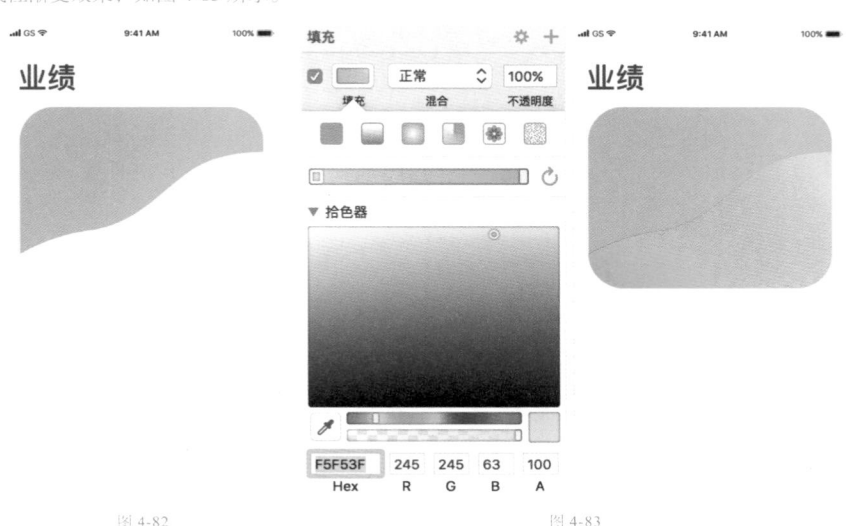

图 4-82
图 4-83

05 使用"钢笔"工具 在两个图形的中间位置添加一条线段，然后设置描边"颜色"为白色（R:255，G:255，B:255），"位置"为居中，"粗细"为12px，如图 4-84 所示。

06 使用"文本"工具 输入"99.8W"，然后设置"字体"为 PingFang SC 的 Semibold 样式，"颜色"为白色（R:255，G:255，B:255），"大小"为 70px，如图 4-85 所示。

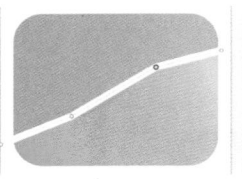

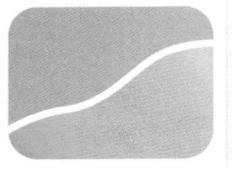

图 4-84

图 4-85

07 使用"圆角矩形"工具 绘制一个 241px×255px 的圆角矩形，然后设置圆角"半径"为 8px，填充为绿色（R:161，G:255，B:68）至黄色（R:239，G:211，B:0）的渐变效果。在"高斯模糊"一栏中设置"半径"为 10px，设置"不透明度"为 70%，作为阴影效果，如图 4-86 所示。

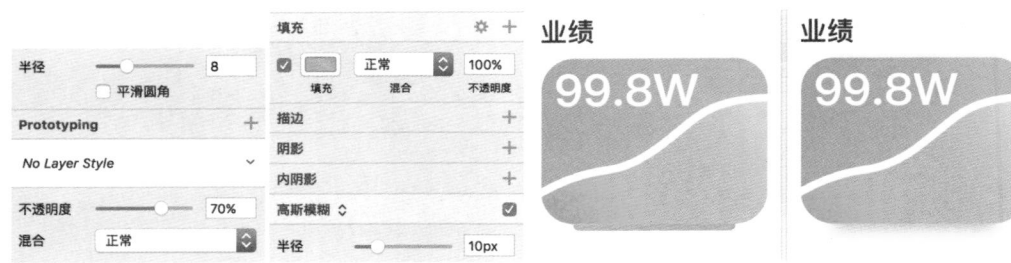

图 4-86

4.4.4 绘制列表

01 选择"文本"工具 ，输入"周一"，然后设置"字体"为 PingFang SC 的 Regular 样式，"颜色"为蓝灰色（R:58，G:64，B:77），"大小"为 27px，如图 4-87 所示。

02 输入"业绩 100W"，然后设置"字体"为 PingFang SC 的 Regular 样式，"颜色"为浅一点儿的蓝灰色（R:140，G:154，B:168），"大小"为 12px，如图 4-88 所示。

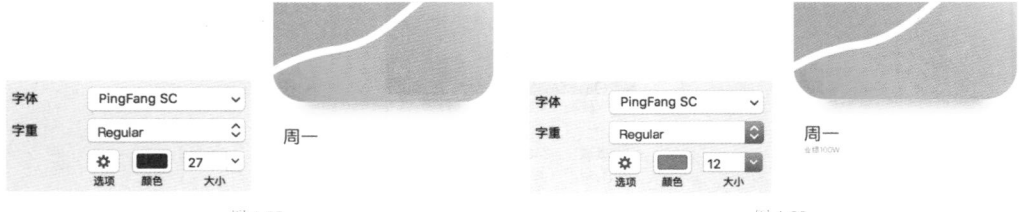

图 4-87

图 4-88

03 输入"+"，然后设置"字体"为 PingFang SC 的 Regular 样式，"颜色"为绿色（R:113，G:192，B:9），"大小"为 20px，如图 4-89 所示。

04 输入"$ 100W"，然后设置"字体"为 PingFang SC 的 Regular 样式，"大小"为 14px，"颜色"为蓝灰色（R:115，G:123，B:145），如图 4-90 所示。

图 4-89 图 4-90

05 适当调整这些文字在界面中的位置，然后选中这几组文字，按快捷键 Command+G 将其打组，得到的界面效果如图 4-91 所示。

06 选择上一步制作好的图层组，然后将其复制两个，调整组与组的间距，将复制的图层组中的信息进行适当修改，得到的最终图形效果如图 4-92 所示。

图 4-91 图 4-92

4.4.5　制作立体效果

将做好的图形制作为手机的界面效果，如图 4-93 所示。

图 4-93

拓展练习：绘制一个卡片样式的图表页

绘制好的图表页效果如图 4-94 所示。

图 4-94

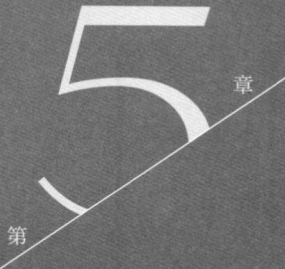

第 5 章

个人中心页设计

本章讲解 App 个人中心页的绘制方法与技巧，包括清新居中形式的个人中心页、简约侧边形式的个人中心页、个性斜边式的个人中心页及中心展示类的个人中心页的制作。学习这些案例，可以提高学习者对画面简洁感的把控和版式的设计与表现能力。

5.1 实战：居中形式的个人中心页制作

本案例是居中排版样式的个人中心页的设计项目，风格清新。为了使界面显得简洁、大气，在界面中加入卡片、大字等元素，配色上采用黑白搭配的方式。个人中心页的绘制流程如图 5-1 所示，最终的个人中心页效果如图 5-2 所示。

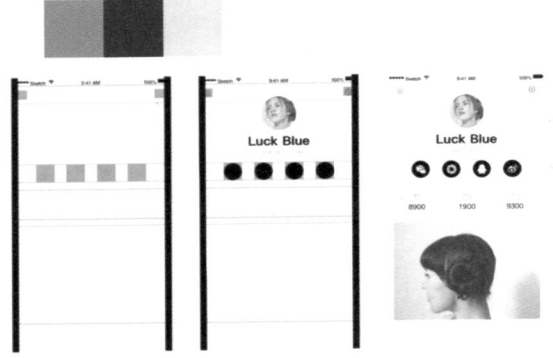

图 5-1

图 5-2

5.1.1 绘制背景

按快捷键 A 新建一个 375px×667px 的画布，然后使用"矩形"工具▣（快捷键 R）绘制一个375px×667px 的矩形，填充为白色（R:255，G:255，B:255），作为背景，如图 5-3 所示。

★★★★★ Sketch 📶   9:41 AM   100% ▬

图 5-3

5.1.2 绘制定界框

使用"矩形"工具▣（快捷键 R）绘制几个矩形，作为定界框。其中橙色矩形代表图标定界框，顶部的图标定界框的尺寸为 22px×22px；中间的图标定界框的尺寸为 43px×43px；黑色矩形代表页边距定界框，宽度为 15px×667px，如图 5-4 所示。

图 5-4

5.1.3 绘制用户信息

01 使用"钢笔"工具 在顶部操作栏的左右两边分别绘制一个"更多"图标和一个"设置"图标。选中图标与定界框，使用"左右居中对齐"工具 ⯭ 和"垂直居中对齐"工具 ⯭ 将其对齐到定界框，如图 5-5 所示。

02 选择"椭圆形"工具 ● 绘制一个直径为 82px 的圆形，然后填充为任意颜色，设置为无描边样式。在界面中拖入一张图片，选择图片和椭圆形，单击"蒙版"工具 ，使图片依附于圆形，如图 5-6 所示。

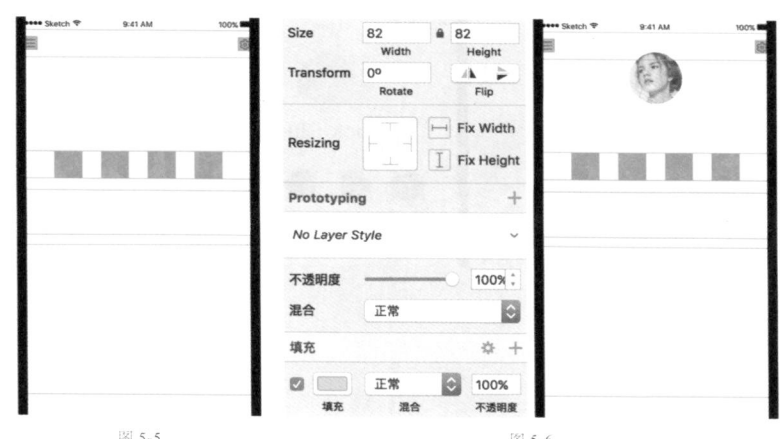

图 5-5　　　　　　　　　　　　　　　　　　　　图 5-6

03 使用"文本"工具 T 输入用户名称，然后设置"字体"为 PingFang SC 的 Regular 样式，"颜色"为深灰色（R:51，G:51，B:51），"大小"为 30px，如图 5-7 所示。

04 输入坐标字样，设置"字体"为 PingFang SC 的 Regular 样式，"颜色"为灰色（R:153，G:153，B:153），"大小"为 14px，"不透明度"为 30%，如图 5-8 所示。

05 绘制一个"定位"图标，然后设置描边"颜色"为浅灰色（R:216，G:216，B:216），"位置"为居中，"粗细"为 1px，单独将字样和其对应的背景一起选中，并使用"左右居中对齐"工具 ⯭ 和"垂直居中对齐"工具 ⯭ 将其对齐到背景层，得到的界面效果如图 5-9 所示。

图 5-7　　　　　　　　　　　图 5-8　　　　　　　　　　　图 5-9

5.1.4 添加图标

01 使用"椭圆形"工具 ● 在界面的上方绘制一个直径为 42px 的圆形，然后填充为深灰色（R: 51，G:51，B:51），将圆形复制 3 个，并从左到右依次排列整齐，如图 5-10 所示。

02 从左到右，将制作好的"微信"图标、"朋友圈"图标、"QQ"图标和"微博"图标分别放到 4 个圆形中，然后填充为白色（R:255，G:255，B:255），使图标与圆形底框居中对齐，如图 5-11 所示。

图 5-10   图 5-11

5.1.5 添加数据信息

01 使用"圆角矩形"工具 在中间部分绘制一个 345px×71px 的矩形，然后设置"半径"为 4px，填充为白色（R: 255，G:255，B:255），设置"阴影"为黑色（R: 0，G:0，B:0），"X"为 2，"Y"为 3，"粗细"为 11，最后设置"不透明度"为 9%，将其适当下移，使其距离中间的大图标 20px，如图 5-12 所示。

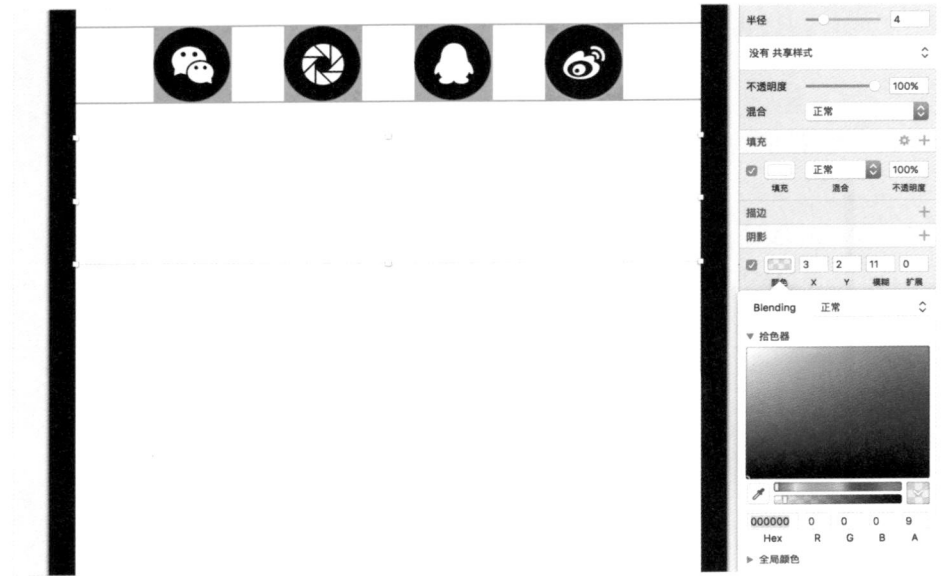

图 5-12

02 使用"文本"工具 T 在卡片内部输入"发帖",然后设置"字体"为 PingFang SC 的 Light 样式,"颜色"为浅灰色(R:153,G:153,B:153),"大小"为 12px,如图 5-13 所示。输入"8900",然后设置"字体"为 PingFang SC 的 Regular 样式,"颜色"为深灰色(R:51,G:51,B:51),"大小"为 18px,如图 5-14 所示,得到的界面效果如图 5-15 所示。

03 选中"发帖"和"8900",然后按快捷键 Command+G 打组,选中该图层组并复制两个,对复制的图层组中的字样进行适当修改,将 3 个图层组居中对齐,如图 5-16 所示。

图 5-13   图 5-14   图 5-15   图 5-16

5.1.6 添加底部图片

使用"圆角矩形"工具 绘制一个 345px×237px 的圆角矩形,然后设置圆角"半径"为 4px 并适当下移,使其距离卡片 20px,填充任意颜色。任意拖入一张图片,选中图片和圆角矩形,单击"蒙版"工具 ,使图片依附于圆角矩形,如图 5-17 所示。

图 5-17

5.1.7 制作立体效果

将做好的图形制作为手机的界面效果，如图 5-18 所示。

图 5-18

拓展练习：绘制一个居中形式的个人中心页

绘制好的个人中心页效果如图 5-19 所示。

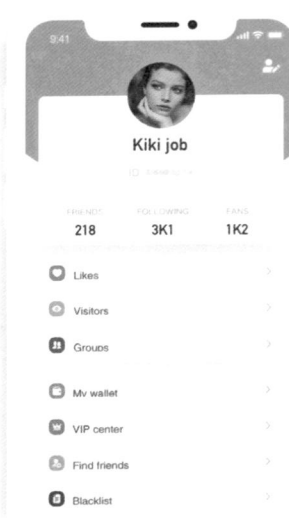

图 5-19

5.2 实战：侧边形式的个人中心页制作

　　本案例是侧边栏个人中心页的设计项目，风格简约。为了使界面看起来宽阔、通透和大气，采用黑白色调进行配色。个人中心页的绘制流程如图5-20所示，最终的个人中心页效果如图5-21所示。

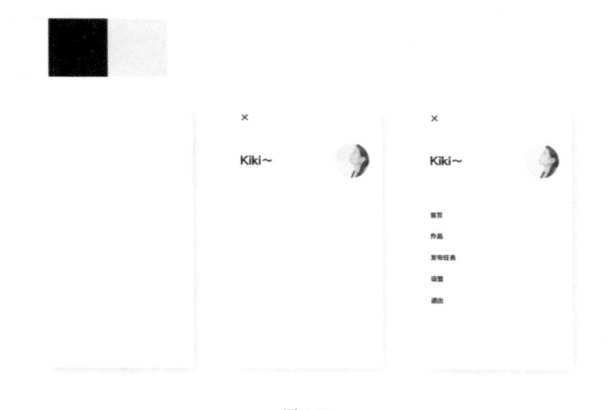

图 5-20

图 5-21

5.2.1 绘制背景

　　按快捷键A新建一个375px×667px的画布，然后使用"矩形"工具■（快捷键R）绘制一个375px×667px的矩形，填充为白色（R:255，G:255，B:255），如图5-22所示。

图 5-22

5.2.2 绘制定界框

　　使用"矩形"工具■（快捷键R）绘制几个矩形，作为定界框。其中黑色矩形代表页边距定界框，宽度为30px；两个橙色矩形框代表图标和头像定界框，顶部的图标定界框的尺寸为22px×22px，头像定界框的尺寸为86px×86px，如图5-23所示。

图 5-23

5.2.3　添加用户头像

<u>**01**</u> 使用"椭圆形"工具 ● 在头像定界框中绘制一个直径为 86px 的圆形，设置为无描边样式，然后拖入一张合适的图片，选中图片和圆形并单击"蒙版"工具 ●，使图片依附于圆形，如图 5-24 所示。

<u>**02**</u> 输入"＋"，然后设置"字体"
为 PingFang SC 的 Regular 样式，
"颜色"为黑色（R:0，G:0，B:0），
"大小"为 32px，将其放进顶部
的图标定界框中，使用"旋转"
工具 将其旋转到合适的位置，
如图 5-25 所示。

图 5-24　　　　　　　　图 5-25

5.2.4　添加文本

<u>**01**</u> 使用"文本"工具 输入用户名称，然后设置"字体"为 PingFang SC 的 Semibold 样式，"颜色"为黑色（R:0，G:0，B:0），"大小"为 30px，将文本与头像居中对齐，如图 5-26 所示。

<u>**02**</u> 使用"文本"工具 输入"首页"，然后设置"字体"为 PingFang SC 的 Semibold 样式，"颜色"为黑色（R:0，G:0，B:0），"大小"为 16px，如图 5-27 所示。

<u>**03**</u> 选中"首页"文字图层，然后复制 4 个，将复制的文字分别修改为"作品""发布任务""设置"和"退出"，将它们对齐，如图 5-28 所示。

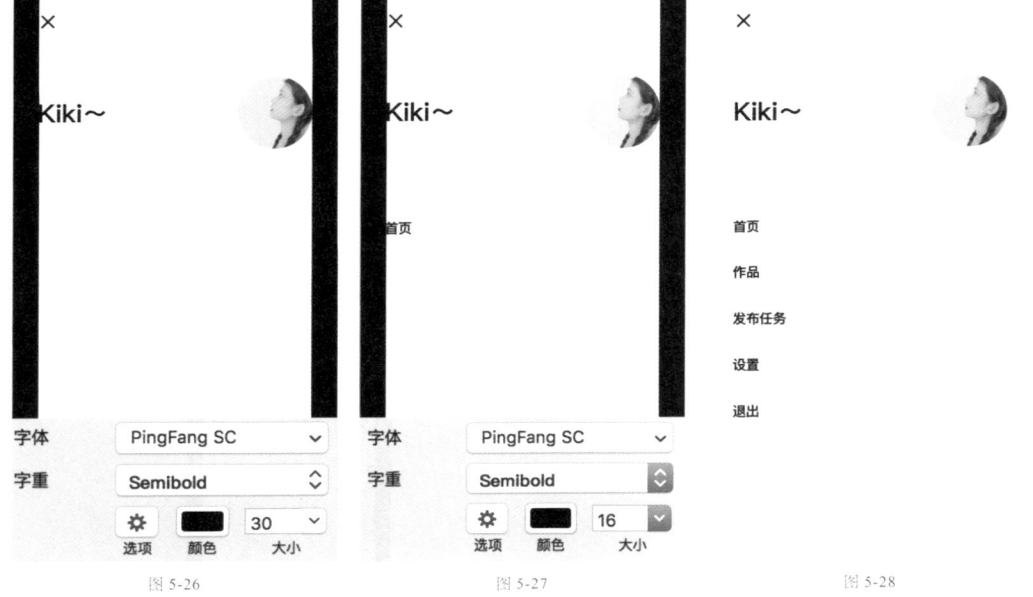

图 5-26　　　　　　　　图 5-27　　　　　　　　图 5-28

5.2.5 制作立体效果

将做好的图形制作为手机的界面效果，如图 5-29 所示。

图 5-29

拓展练习：绘制一个侧边栏样式的个人中心页

绘制好的个人中心页效果如图 5-30 所示。

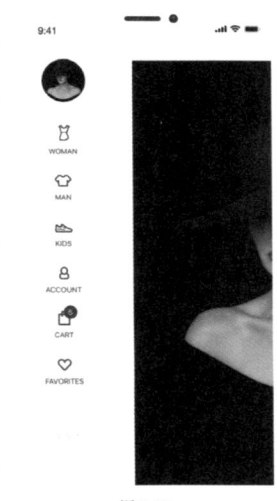

图 5-30

5.3 实战：斜边形式的个人中心页制作

　　本案例是侧边栏个人中心页的设计项目。整体风格相比上一个案例个性化更强，主要采用斜边形式进行构图。为了使界面看起来宽阔、通透和大气，界面信息的呈现上要尽量简洁，并且采用偏冷的黑白灰颜色和红色进行整体搭配。个人中心页的绘制流程如图5-31所示，最终的个人中心页效果如图5-32所示。

图 5-31

图 5-32

5.3.1 绘制背景

01 按快捷键 A 新建一个 375px×667px 的画布，然后使用"矩形"工具 ▦（快捷键 R）绘制一个 375px×667px 的矩形，填充为白色（R:255，G:255，B:255），作为背景；在界面中绘制一个 375px×298px 的矩形，为该矩形填充蓝灰色（R:42，G:46，B:54）至深蓝色（R:31，G:41，B:79）的渐变效果，如图5-33 所示。

02 双击这个矩形，使其呈编辑状态，然后向下拖动矩形右下方的锚点，直至呈现令人满意的斜角效果，如图 5-34 所示。

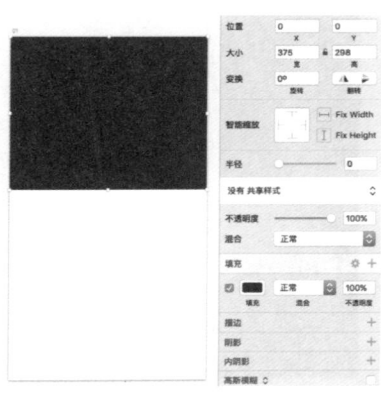

图 5-33

图 5-34

03 选择一张图片，将其拖至刚刚绘制的斜角图形上，然后选中图片和图形，单击"蒙版"工具 ，将图片依附于图形，设置蒙版图层的"混合"为"滤色"，如图 5-35 所示。

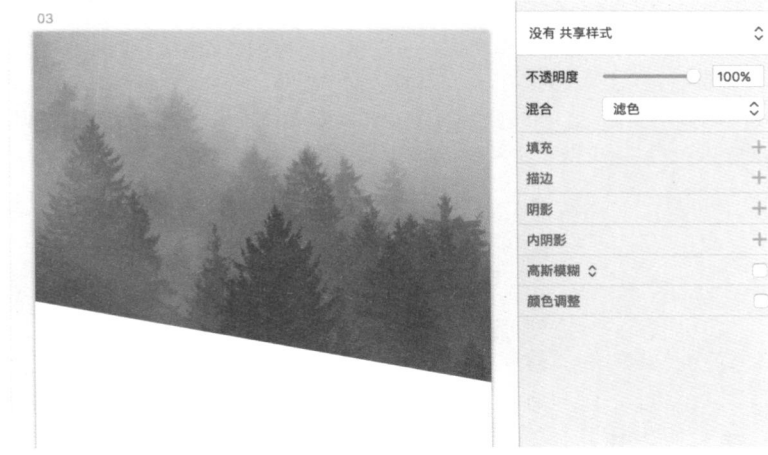

图 5-35

5.3.2 绘制定界框

使用"矩形"工具 （快捷键 R）绘制几个矩形，作为定界框。其中深灰色矩形代表图标定界框，尺寸为 17px×17px；浅灰色矩形为操作栏定界框，尺寸为 375px×44px；黑色矩形代表页边距定界框，宽度为 25px，如图 5-36 所示。

图 5-36

5.3.3 绘制图标

使用"钢笔"工具 ✏ 在界面状态栏的左右两边分别绘制一个"更多"图标和一个"设置"图标，设置图标的描边"颜色"为白色（R:255，G:255，B:255），"位置"为居中，"粗细"为1px，如图5-37所示。选中图标的所有线条，单击"描边"一栏中设置按钮，选择"端点"和"转折点"的中间按钮，使线条的转折点变圆滑，如图5-38所示，得到的界面效果如图5-39所示。

图 5-37　　　　　　　　　　图 5-38　　　　　　　　　　图 5-39

5.3.4 添加用户信息

01 使用"椭圆形"工具 ● 在界面中绘制一个直径为62px的圆形，然后任意拖入一张图片，选中图片和圆形，单击"蒙版"工具 ◉ ，使图片依附于圆形，作为用户头像，如图5-40所示。

02 使用"椭圆形"工具 ● 绘制一个"位置"图标，然后设置描边"颜色"为白色（R:255，G:255，B:255），"位置"为居中，"粗细"为1px。使用"文本"工具 🔤 在界面中输入"Luck Blue"，然后设置"字体"为PingFang SC 的 Semibold 样式，"颜色"为白色（R:255，G:255，B:255），"大小"为30px，如图5-41所示。

03 输入"shanghai，China"，然后设置"字体"为PingFang SC 的 Light 样式，"颜色"为白色（R:255，G:255，B:255），"大小"为14px，如图5-42所示。

图 5-40　　　　　　　　　　图 5-41　　　　　　　　　　图 5-42

5.3.5 绘制列表

01 使用同样的方法，在列表中再添加一个头像，然后输入"2"，设置"字体"为 PingFang SC 的 Light 样式，"颜色"为深灰色（R:51，G:51，B:51），"大小"为 20px，如图 5-43 所示。

02 输入"pm"字样，然后设置"字体"为 PingFang SC 的 Light 样式，"颜色"为中灰色（R:102，G:102，B:102），"大小"为 12px，如图 5-44 所示。输入"处理邮件"字样，设置"字体"为 PingFang SC 的 Light 样式，"颜色"为黑色（R:0，G:0，B:0），"大小"为 14px，如图 5-45 所示，得到的界面效果如图 5-46 所示。

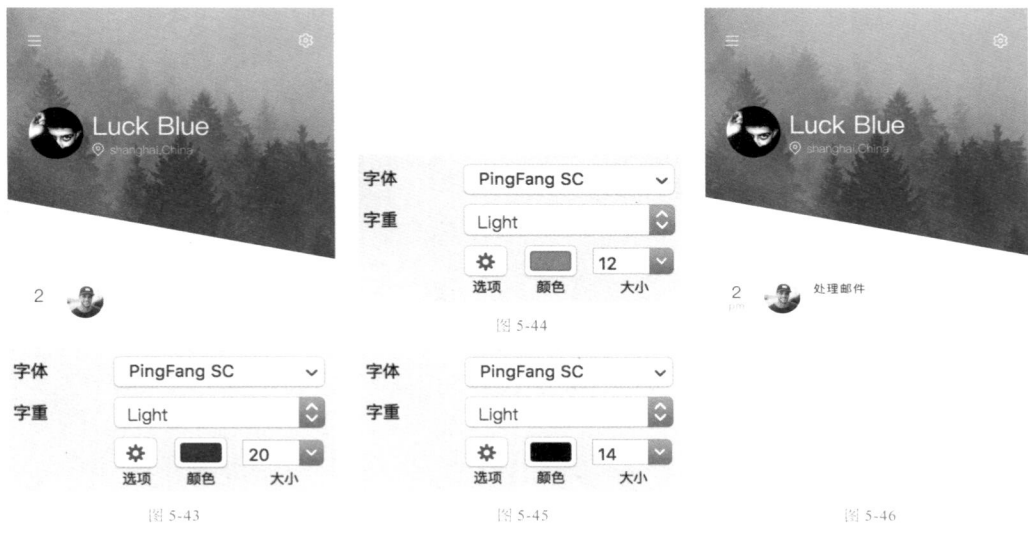

图 5-44

图 5-43

图 5-45

图 5-46

03 输入"重要事件"，然后设置"字体"为 PingFang SC 的 Light 样式，"颜色"为中灰色（R:102，G:102，B:102），"大小"为 12px，如图 5-47 所示。

04 使用"椭圆形"工具 ● 在画布中绘制一个直径为 10px 的圆形，然后设置描边"颜色"为蓝绿色（R:68，G:190，B:165），"位置"为居中，"粗细"为 2px，如图 5-48 所示。

图 5-47

图 5-48

05 使用"钢笔"工具 在界面中绘制一条线段，然后设置描边"颜色"为浅灰色（R:243，G:243，B:244），"位置"为居中，"粗细"为 0.5px。将这一步连同前面绘制好的内容都选中，按快捷键 Command+G 将其打组，如图 5-49 所示。

06 选择上一步制作好的图层组，然后复制几个，适当修改文字，从上到下依次排列整齐，如图 5-50 所示。

图 5-49   图 5-50

5.3.6　添加按钮

使用"椭圆形"工具 在界面中绘制一个直径为 54px 的圆形，然后填充为红色（R:255，G:10，B:106）。使用"文本"工具 在界面中输入"＋"，然后设置"字体"为 PingFang SC 的 Light 样式，"颜色"为白色（R:255，G:255，B:255），"大小"为 31px，如图 5-51 所示。

图 5-51

5.3.7 制作立体效果

将做好的图形制作为手机的界面效果，如图 5-52 所示。

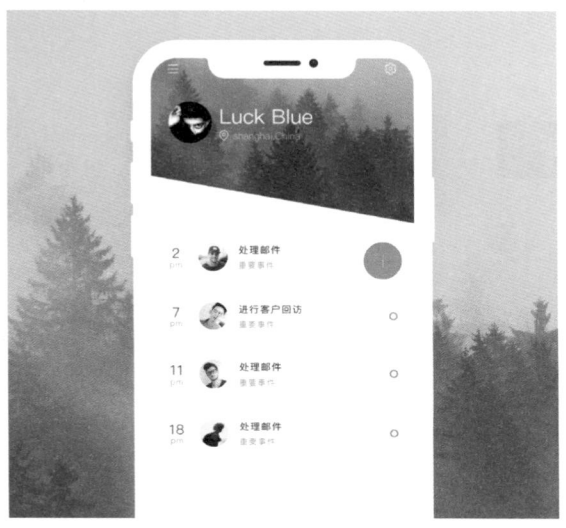

图 5-52

拓展练习：绘制一个左对齐形式的个人中心页

绘制好的个人中心页效果如图 5-53 所示。

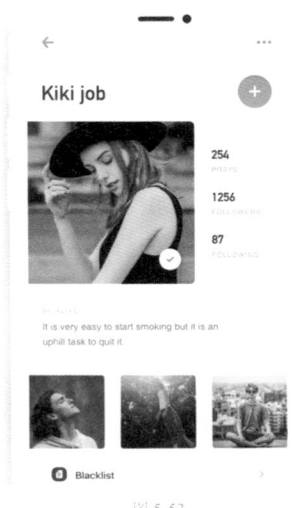

图 5-53

5.4 实战：中心展示类的个人中心页制作

本案例是极简风格的个人中心页设计项目。界面采用全屏模式，界面信息简单，并且采用黑白灰进行配色。个人中心页的绘制流程如图 5-54 所示，最终的个人中心页效果如图 5-55 所示。

图 5-54

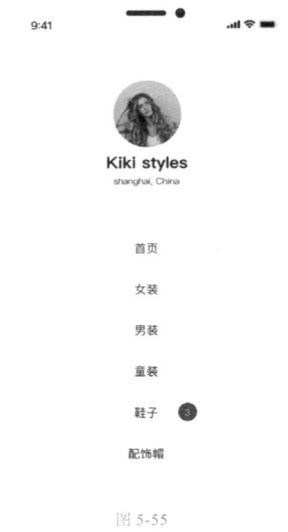

图 5-55

5.4.1 制作用户信息

01 按快捷键 A 新建一个 375px×667px 的画布，然后使用"矩形"工具▇（快捷键 R）绘制一个 375px×667px 的矩形，填充为白色（R:255，G:255，B:255），如图 5-56 所示。

02 使用"椭圆形"工具●在界面中绘制一个直径为 90px 的圆形，然后拖入一张图片，将其缩放到合适大小，选中图片和圆形，单击"蒙版"工具●，使照片依附于圆形，如图 5-57 所示。

图 5-56　　　　　图 5-57

03 使用"文本"工具 **T** 在界面中输入"Kiki styles"，作为用户名称，然后设置"字体"为 PingFang SC 的 Semibold 样式，"颜色"为黑色（R:0，G:0，B:0），"大小"为 22px，如图 5-58 所示。输入"shanghai，China"，设置"字体"为 PingFang SC 的 Light 样式，"颜色"为黑色（R:0，G:0，B:0）"大小"为 12px，如图 5-59 所示，得到的界面效果如图 5-60 所示。

图 5-58

图 5-59

图 5-60

5.4.2 制作列表信息

01 添加文本。使用"文本"工具 **T** 在界面中输入"首页"，然后设置"字体"为 PingFang SC 的 Light 样式，"大小"为 16px，"颜色"为黑色，如图 5-61 所示。

02 选择上一步制作好的文本，然后复制几个，对应修改字样，从上到下依次排列整齐，如图 5-62 所示。

5.4.3 绘制"提示"按钮

使用"椭圆形"工具 ● 在界面中绘制一个直径为 25px 的圆形，然后填充为蓝灰色（R:83，G:84，B:91），使用"文本"工具 **T** 在界面中输入"3"，设置"字体"为 PingFang SC 的 Light 样式，"字体颜色"为白色（R:255，G:255，B:255），"大小"为 12px，如图 5-63 所示。

图 5-61

图 5-62

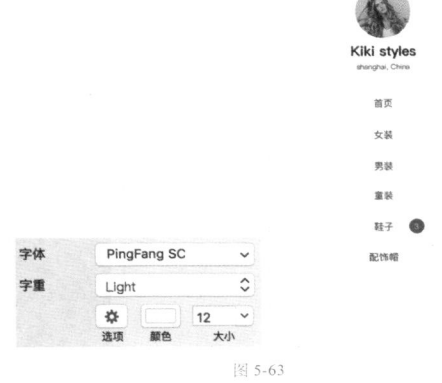

图 5-63

5.4.4 绘制"关闭"按钮

绘制一个"关闭"按钮,然后填充为黑色(R:0、G:0、B:0),得到的界面效果如图 5-64 所示。

图 5-64

5.4.5 制作立体效果

将做好的图形制作为手机的界面效果,如图 5-65 所示。

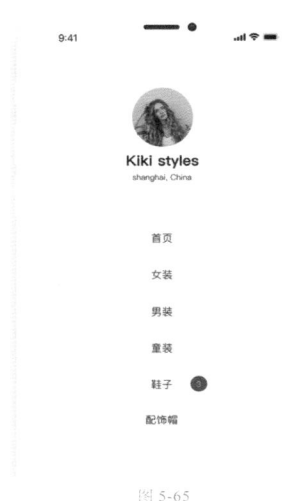

图 5-65

拓展练习:绘制一个中心展示形式的个人中心页

绘制好的个人中心页效果如图 5-66 所示。

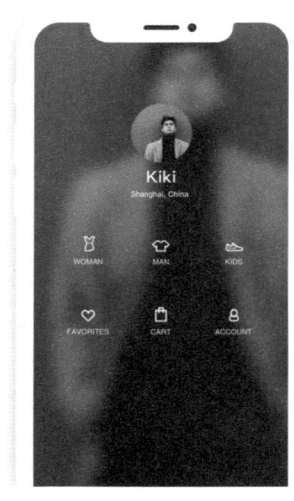

图 5-66

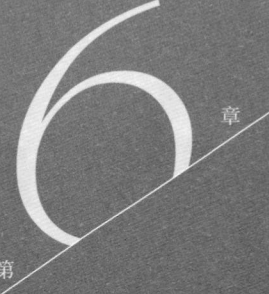

第

6 章

登录页设计

　　本章讲解登录页的绘制方法与技巧，包括不规则卡片登录页、极简风格登录页、透气建筑风格登录页及渐变小弹框登录页的制作。学习这些案例，可以提高学习者的构图能力，利用简洁风格将页面做美观。

6.1 实战：时尚不规则卡片登录页的制作

本案例是不规则卡片形式的登录页设计项目，风格简约、个性。界面采用全屏模式，以斜线的方式进行画面分割，搭配黑白人像图片。登录页的绘制流程如图 6-1 所示，最终的登录页效果如图 6-2 所示。

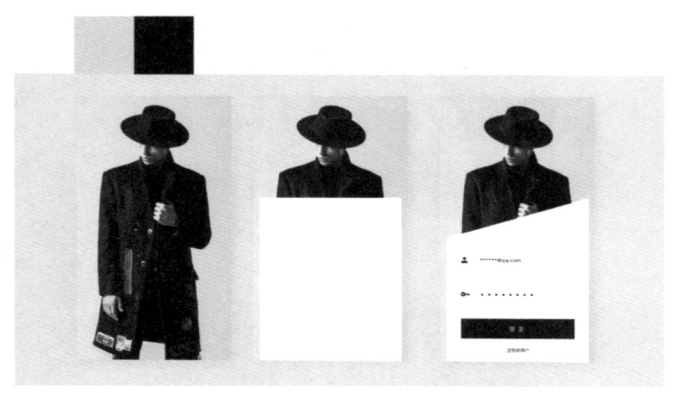

图 6-1

图 6-2

6.1.1 绘制背景

按快捷键 A 新建一个 375px×667px 的画布，然后使用"矩形"工具（快捷键 R）绘制一个 375px×667px 的矩形，将一张图片拖入界面，将图片依附于矩形，作为界面背景，如图 6-3 所示。

图 6-3

6.1.2 绘制卡片

01 使用"矩形"工具▇在界面中绘制一个 344px×413px 的矩形，然后填充为白色（R:255，G:255，B:255），使用"左右居中对齐"工具╪将卡片与背景对齐，如图 6-4 所示。

02 双击选中上一步绘制好的矩形，使其呈编辑状态，然后选中矩形左上方的锚点，将其向下拖动，得到图 6-5 所示的界面效果。

图 6-4   图 6-5

6.1.3 绘制定界框

使用"矩形"工具▇（快捷键 R）绘制一个 276px×50px 的矩形，作为登录信息的定界框。将定界框填充为黑色（R:0，G:0，B:0），然后复制两个，同时选中这 3 个矩形，并使用"左右居中对齐"工具╪和"垂直居中对齐"工具☰将它们对齐，如图 6-6 所示。

图 6-6

179

6.1.4　添加登录信息

用"矩形"工具（快捷键 R）绘制几个矩形，作为定界框。其中浅灰色矩形代表用户名和密码的定界框，顶部的图标定界框的尺寸为 280px×50px；黑色矩形代表按钮，定界框的尺寸为 280px×50px，如图 6-7 和图 6-8 所示。

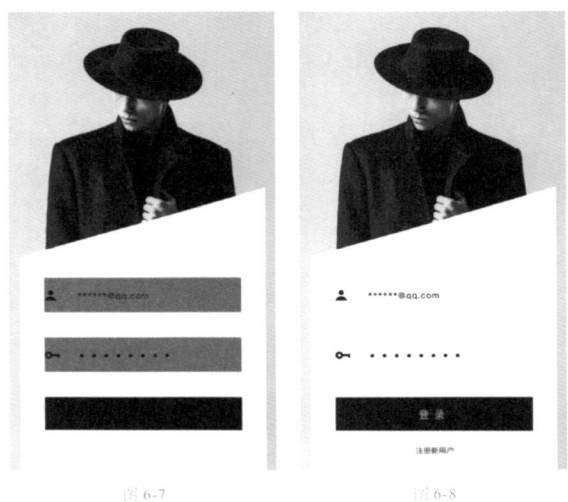

图 6-7　　　　　　　　　　图 6-8

6.1.5　添加细节

选中绘制好的白色卡片，然后复制一个并置于卡片的下方。将复制的白色卡片的右上方的锚点向上移动 20px，设置卡片的"不透明度"为 10%，按照这个方法绘制几个半透明的图层，如图 6-9 所示。

图 6-9

6.1.6 制作立体效果

将做好的图形制作为手机的界面效果，如图 6-10 所示。

图 6-10

拓展练习：绘制一个极简登录页

绘制好的登录页效果如图 6-11 所示。

图 6-11

6.2 实战：极简风格登录页的制作

本案例是极简风格的登录页设计项目，同样是采用黑白灰的配色方式。登录页的绘制流程如图 6-12 所示，最终的登录页效果如图 6-13 所示。

图 6-12

图 6-13

6.2.1 绘制背景

按快捷键 A 新建一个 375px × 667px 的画布，然后使用"矩形"工具▊（快捷键 R）绘制一个 375px × 812px 的矩形，填充为白色（R:255，G:255，B:255），从 iPhone X 的控件库里寻找一个高度为 44px 的状态栏放到画布中，如图 6-14 所示。

9:41

图 6-14

6.2.2 添加导航栏信息

设定导航栏的高度为 75px，然后使用"文本"工具▊在导航栏中输入"登录"，设置"字体"为 PingFang SC 的 Regular 样式，"颜色"为黑色（R:0，G:0，B:0），"大小"为 42px，如图 6-15 所示。

9:41

登录

图 6-15

6.2.3 绘制头像

使用"椭圆形"工具 ● 在界面里绘制一个直径为 88px 的圆形，然后填充为黑色（R:0，G:0，B:0）。选中圆形与底部背景层，使用"左右居中对齐"工具 ⇹ 将它们居中对齐，将一张图片拖入界面，选中图片和圆形，单击"蒙版"工具 ◉，使图片依附于圆形，如图 6-16 所示。

图 6-16

6.2.4 绘制"相机"图标

使用"椭圆形"工具 ● 在头像的右下方绘制一个直径为 32px 的圆形，然后填充为黑色（R:0，G:0，B:0），设置描边"颜色"为白色（R:255，G:255，B:255），"位置"为内部，"粗细"为 2px，将一个相机图标放到圆形中，如图 6-17 所示。

图 6-17

6.2.5　绘制列表

　　使用"矩形"工具█在界面中绘制一条 279px×1px 的线段，然后填充为浅灰色（R:237，G:237，B:237），将其与背景图层对齐。使用"文本"工具Ｔ输入"手机号"，设置"字体"为 PingFang SC 的 Light 样式，"颜色"为浅灰色（R:134，G:134，B:134），"大小"为 16。选中文字和线条，然后使用快捷键 Command+G 将其打组，最后选中图层组，将其复制一个，往下排放整齐并适当修改信息，如图 6-18 所示。

图 6-18

6.2.6　绘制按钮

　　使用"圆角矩形"工具█绘制一个圆角矩形，然后设置圆角"半径"为4px，将其填充为深灰色（R:18，G:19，B:20）并与背景图层对齐。使用"文本"工具Ｔ输入"下一步"，设置"字体"为 PingFang SC 的 Light 样式，"大小"为 16px，"颜色"为白色，设置完成后适当调整矩形在画布中的位置，如图 6-19 所示。

图 6-19

6.2.7 制作立体效果

将做好的图形制作为手机的界面效果，如图 6-20 所示。

图 6-20

拓展练习：绘制一个极简风格的卡片登录页

绘制好的登录页效果如图 6-21 所示。

图 6-21

6.3 实战：透气建筑风格登录页的制作

本案例是建筑风格的登录页设计项目。界面整体为黑白灰色调，显得大气。登录页的绘制流程如图 6-22 所示，最终的登录页效果如图 6-23 所示。

图 6-22

图 6-23

6.3.1 绘制背景

01 按快捷键 A 新建一个 375px×667px 的画布，然后使用"矩形"工具（快捷键 R）绘制一个 375px×667px 的矩形，填充为白色（R:255，G:255，B:255）；使用"矩形"工具 （快捷键 R）绘制一个 375px×373px 的矩形，填充为灰色（R:131，G:131，B:131），如图 6-24 所示。

图 6-24

02 将一张建筑图片拖入矩形，放在"底图"的上方，选中图片和矩形，使用"蒙版"工具 ● 将图片依附于矩形，作为底图背景。选中底图矩形背景并复制一个，放到图片的上方，将复制的图片填充为浅灰色（R:145，G:145，B:145），"不透明度"为 20%。复制底图背景，为复制的底图填充黑色（R:255，G:255，B:255），设置"不透明度"为 70%，如图 6-25 和图 6-26 所示。

图 6-25   图 6-26

03 使用"文本"工具 **T** 输入"BAS"，然后设置"字体"为 PingFang SC 的 Semibold 样式，"颜色"为白色（R:255，G:255，B:255），"大小"为 95，如图 6-27 所示。

图 6-27

6.3.2　绘制定界框

　　使用"矩形"工具▥（快捷键R）在界面中绘制几个矩形，作为定界框使用。其中灰色矩形代表文本定界框，上边一个尺寸为 375px×54px，下边一个尺寸为 286px×54px；黑色矩形代表按钮定界框，尺寸为166px×45px。使用"左右居中对齐"↕将其对齐到定界框，如图 6-28 所示。

图 6-28

6.3.3　添加装饰色块

　　使用"矩形"工具▥（快捷键R）在界面中绘制一个尺寸为375px×1px的线段，然后填充为白色（R:255、G:255、B:255），将其放在定界框的上方，输入"注册""登录"文字，设置"字体大小"为 13px，"字体"为 PingFang SC 的 Light 样式，"颜色"为白色（R:255、G:255、B:255），并单独设置"注册"文字的"不透明度"为 40%，最后使用"左右居中对齐"工具↕和"垂直居中对齐"工具☰将它们对齐，如图 6-29 所示。

图 6-29

6.3.4　添加登录信息

　　添加登录相关文字，然后设置"字体"为 PingFang SC 的 Light 样式，颜色为灰色（R:89、G:89、B:104），如图 6-30 所示。

图 6-30

6.3.5　添加按钮

　　绘制一个尺寸为 166px×45px的矩形，然后填充为黑色（R:0、G:0、B:0），作为底框。输入"登录"，然后设置"字体"为PingFang SC 的 Light 样式，"颜色"为白色（R:255、G:255、B:255），选中与底框，使用"左右居中对齐"工具↕和"垂直居中对齐"工具☰将其对齐到底框，如图 6-31 所示。

图 6-31

6.3.6　制作立体效果

将做好的图形制作为手机的界面效果，如图 6-32 所示。

图 6-32

拓展练习：绘制一个建筑风格的登录页

绘制好的登录页效果如图 6-33 所示。

图 6-33

6.4 实战：渐变小弹框登录页的制作

本案例是小弹框卡片样式的登录页设计项目。整个界面配色上采用对比的方式，其中背景为冷色调，卡片为白色，添加偏靓丽的暖色作为点缀和修饰。登录页的绘制流程如图 6-34 所示，最终的登录页效果如图 6-35 所示。

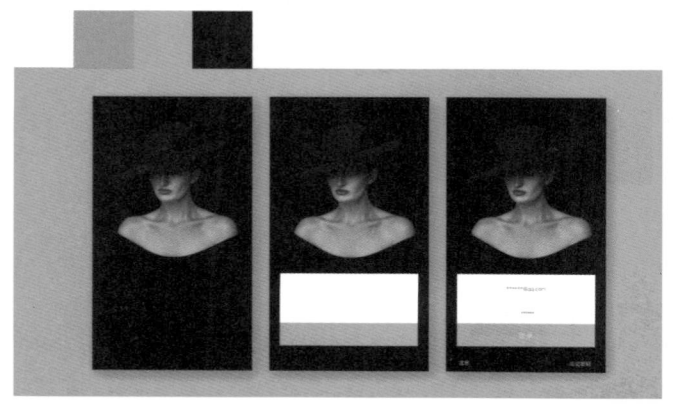

图 6-34

图 6-35

6.4.1 绘制背景

按快捷键 A 新建一个 375px×667px 的画布，然后将一张人像图片拖入画布，作为底图背景，如图 6-36 所示。

图 6-36

6.4.2 绘制卡片

01 使用"矩形"工具■（快捷键 R）绘制一个 325px×120px 的矩形，填充为白色，然后使用"直线工具"✐绘制一条 225px×1px 的短线段，填充为浅灰色（R:226，G:226，B:226），选中短线和矩形，使用"左右居中对齐"工具╪和"垂直居中对齐"工具═ 将它们对齐，如图 6-37 所示。

图 6-37

02 使用"矩形"工具█（快捷键 R）绘制一个 325px×55px 的矩形，然后填充为橙色（R:255、G:135、B:100）至红色（R:255、G:99、B:163）的渐变效果，如图 6-38 所示。

图 6-38

6.4.3 添加文本

使用"文本"工具█输入"******@qq.com"和"******"，然后设置"字体"为 PingFang SC 的 Light 样式、"颜色"为蓝灰色（R:89、G:89、B:104）、"大小"为 13px，如图 6-39 所示；输入"登录"，并设置"字体"为 PingFang SC 的 Light 样式、"颜色"为白色（R:255、G:255、B:255）、"大小"为 15px，如图 6-40 所示，得到的界面效果如图 6-41 所示。

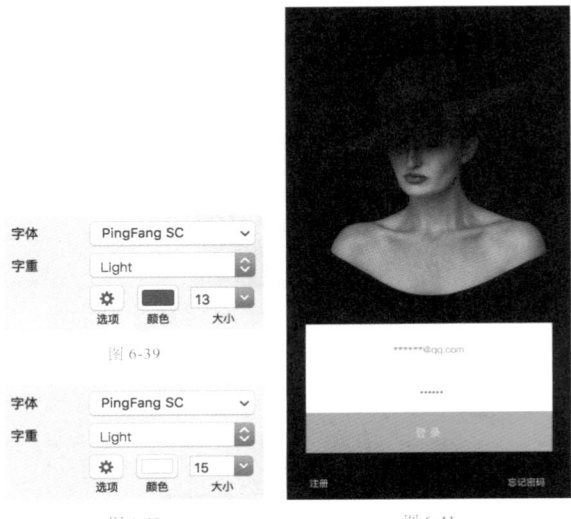

图 6-39

图 6-40

图 6-41

6.4.4　制作立体效果

将做好的图形制作为手机的界面效果，如图 6-42 所示。

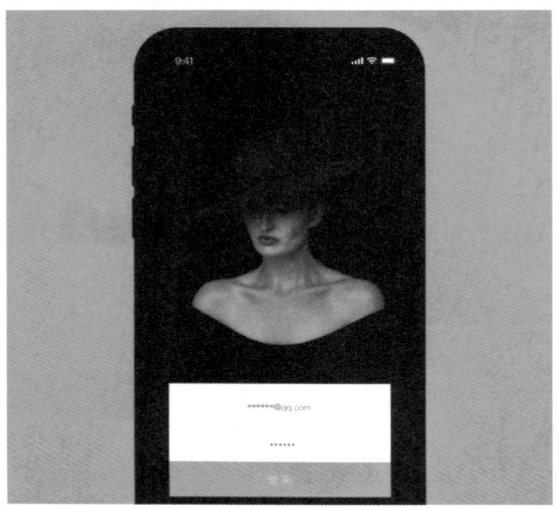

图 6-42

拓展练习：绘制一个卡片类型的登录页

绘制好的登录页效果如图 6-43 所示。

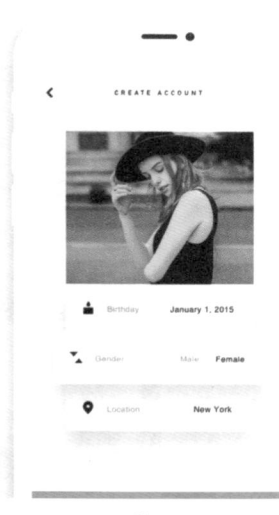

图 6-43